钢-再生混凝土组合梁长期性能劣化机理与设计方法

王庆贺　张玉琢　杨金胜　著

中国建筑工业出版社

图书在版编目（CIP）数据

钢-再生混凝土组合梁长期性能劣化机理与设计方法/
王庆贺，张玉琢，杨金胜著. —北京：中国建筑工业出
版社，2022.8（2023.9重印）
ISBN 978-7-112-27767-4

Ⅰ.①钢… Ⅱ.①王…②张…③杨… Ⅲ.①钢结构
-混凝土结构-组合梁-设计 Ⅳ.①TU375

中国版本图书馆 CIP 数据核字（2022）第 150906 号

本书主要针对钢-再生混凝土组合梁长期性能展开，内容包括：绪论；钢-再生混凝土组合板有限元模型的建立与验证；多跨连续钢-再生混凝土组合板长期性能有限元分析；两跨连续钢-再生混凝土组合板长期性能设计方法；钢-再生混凝土组合梁有限元模型的建立与验证；钢-再生混凝土组合梁有限元参数分析及设计方法；结论。本书可供高校相关专业师生参考使用。

责任编辑：杨　杰
责任校对：李美娜

钢-再生混凝土组合梁长期性能劣化机理与设计方法
王庆贺　张玉琢　杨金胜　著
*
中国建筑工业出版社出版、发行（北京海淀三里河路9号）
各地新华书店、建筑书店经销
北京科地亚盟排版公司制版
北京中科印刷有限公司印刷
*
开本：787毫米×960毫米　1/16　印张：9　字数：173千字
2022年8月第一版　2023年9月第二次印刷
定价：**75.00**元
ISBN 978-7-112-27767-4
（39514）

前 言

再生混凝土的应用可缓解工程建设对天然砂石的需求，具有较高的经济效益。钢-混凝土组合梁充分发挥钢材良好的受拉性能与混凝土的受压性能，具有自重轻、抗震性能好、施工速度快等优点；将再生混凝土引入钢-混凝土组合梁中可拓宽再生混凝土在结构工程的应用范围。组合梁中混凝土存在多种收缩和徐变模型，例如采用钢筋混凝土楼板时，组合梁呈现均匀收缩和均匀徐变分布；采用组合楼板时，组合梁呈现非均匀收缩和非均匀徐变分布。而且，引入再生混凝土将使得非均匀收缩和非均匀徐变分布更加显著。部分学者提出的考虑非均匀收缩影响的钢-混凝土组合板长期挠度计算方法形式较为复杂、计算量大；目前我国现行的组合梁长期挠度计算方法未考虑混凝土非均匀收缩影响，尚无非均匀收缩对钢-再生混凝土组合梁长期性能的影响研究，也无相应的长期挠度设计方法。基于此，对钢-再生混凝土组合梁长期性能展开系列研究。具体如下：

(1) 采用 ABAQUS 软件，建立热-力耦合的钢-混凝土组合板/梁有限元模型，模型可考虑混凝土开裂、收缩、徐变、界面相对滑移的耦合影响。基于国内外钢-混凝土组合板/梁短期/长期性能足尺试验及组合梁推出试验结果，验证模型的可靠性。研究结果表明，提出的有限元模型可有效预测钢-混凝土组合板在长期荷载作用下的长期性能发展，瞬时挠度预测值与试验值最大相差 20.3%，长期挠度预测值与试验值最大相差 19.7%；建立的精细化有限元模型可有效预测钢-混凝土组合梁的静力性能，长期挠度有限元与试验结果比值的均值为 1.035；受弯刚度有限元与试验结果比值的均值为 0.970。

(2) 采用验证后的有限元建模技术，建立多跨连续钢-再生混凝土组合板有限元模型，主要考虑再生粗骨料取代率、不同收缩徐变模型、荷载的不同布置及不同压型钢板类型，对比了不同参数影响下多跨连续钢-再生混凝土组合板的长期性能。研究结果表明，再生粗骨料取代率 r 的增大会增加多跨连续钢-再生混凝土组合板的峰值挠度，当再生粗骨料取代率由 0 增加为 100%时，与钢-普通混凝土组合板相比，28d 时峰值挠度增加 20.6%，50a 时峰值挠度增加 45.0%；当考虑荷载非均布形式，再生粗骨料取代率由 0 增加为 100%时，与钢-普通混凝土组合板相比，28d 时组合板峰值挠度增加 20.1%，50a 时峰值挠度增加 37.0%；仅考虑混凝土的均匀收缩不足以预测连续组合板的长期挠度和组合板支座负弯矩；基于美国 ACI318 规范提出了适用于钢-再生混凝土组合板长期持荷系数 ξ 的修正公式，得到与钢-普通混凝土组合板长期性能预测精度相似的钢-再生混凝土组合板长期性能预测方法。

(3) 以两跨钢-混凝土组合板为例，提出考虑混凝土非均匀收缩影响的组合板长期性能设计方法，采用前文已引述的两跨连续组合板的长期性能试验数据验证该设计方法的可靠性；对比分析采用不同的混凝土收缩分布形式对两跨连续组合板长期性能的影响。研究结果表明：基于龄期调整的有效模量法、考虑混凝土非均匀收缩影响，提出的两跨连续组合板长期性能计算方法，可有效预测组合板的长期弯矩分布、中支座裂缝宽度和跨中挠度；若不考虑收缩变形，组合板中支座负弯矩、裂缝宽度和跨中挠度的预测值与试验值平均相差 50.0%、71.3%和46.1%，若仅考虑均匀收缩，组合板中支座负弯矩、裂缝宽度和跨中挠度的预测值与试验值平均相差 24.9%、58.6%与 34.5%。

(4) 对钢-再生混凝土组合梁长期性能进行参数分析，研究再生粗骨料取代率等参数对组合梁长期性能的影响。研究结果表明，混凝土收缩徐变及组合梁界面相对滑移对组合梁长期挠度影响显著，本文参数范围内，由混凝土收缩徐变与界面相对滑移引起的长期附加挠度占组合梁长期总挠度的 21.6%～61.5%；应针对不同的楼板类型选用不同的收缩徐变模型，与采用非均匀收缩徐变模型相比，均匀收缩徐变模型高估组合梁长期附加挠度 4.5%～10.3%；再生粗骨料取代率对钢-混凝土组合梁长期性能影响显著，与普通混凝土试件相比，再生粗骨料取代率为 100%时，组合梁的长期挠度增加 3.5%～17.2%。

(5) 基于有限元参数分析结果对《钢结构设计标准》GB 50017—2017 中组合梁挠度计算方法进行适用性评价，并考虑混凝土收缩与徐变模型，修正了组合梁长期挠度的计算公式。研究结果表明：我国现行标准低估了组合梁的长期挠度，长期挠度计算结果与有限元计算结果比值的均值为 59.2%；再生粗骨料取代率为 0%、50%和 100%时，修正后的组合梁长期挠度计算结果与有限元结果比值的均值分别为 98.6%、97.1%和 96.1%，标准差分别为 0.191、0.198 和 0.194。

目　　录

第1章　绪论 …… 1
1.1　研究背景和意义 …… 1
1.1.1　研究背景 …… 1
1.1.2　研究意义 …… 6
1.2　相关课题研究现状 …… 7
1.2.1　再生混凝土的基本力学性能 …… 7
1.2.2　钢-混凝土组合板长期性能研究 …… 14
1.2.3　钢-混凝土组合梁长期性能 …… 19
1.2.4　研究现状总结 …… 23
1.3　本书主要研究内容 …… 24
1.3.1　钢-再生混凝土组合板长期性能 …… 24
1.3.2　钢-再生混凝土组合梁长期性能 …… 25
第2章　钢-再生混凝土组合板有限元模型的建立与验证 …… 26
2.1　引言 …… 26
2.2　有限元模型建立方法 …… 26
2.2.1　有限元软件模型建立 …… 26
2.2.2　分析过程 …… 32
2.3　有限元模型验证及结果分析 …… 33
2.3.1　有限元参数选择 …… 33
2.3.2　单跨钢-混凝土组合板长期性能预测结果 …… 33
2.3.3　两跨钢-混凝土组合板长期性能预测结果 …… 39
2.3.4　典型设计方法的适用性评述 …… 42
2.4　本章小结 …… 47
第3章　多跨连续钢-再生混凝土组合板长期性能有限元分析 …… 48
3.1　引言 …… 48
3.2　不同钢板类型对组合板长期性能的影响 …… 49
3.2.1　不同钢板类型对长期挠度的影响 …… 49
3.2.2　不同钢板类型对支座负弯矩的影响 …… 52
3.3　不同荷载分布下取代率对多跨连续组合板长期性能的影响 …… 54

3.3.1 取代率对长期挠度的影响 …… 54
3.3.2 取代率对支座负弯矩的影响 …… 57
3.4 不同收缩徐变模型对组合板长期性能的影响 …… 59
3.4.1 不同收缩徐变模型对长期挠度的影响 …… 59
3.4.2 不同收缩徐变模型对支座负弯矩的影响 …… 61
3.5 本章小结 …… 63
第4章 两跨连续钢-再生混凝土组合板长期性能设计方法 …… 65
4.1 引言 …… 65
4.2 两跨连续组合板长期性能设计 …… 66
4.2.1 两跨连续组合板力学模型 …… 66
4.2.2 两跨组合板长期性能设计方法 …… 68
4.2.3 两跨连续组合板长期性能设计方法验证 …… 68
4.3 本章小结 …… 74
第5章 钢-再生混凝土组合梁有限元模型的建立与验证 …… 76
5.1 引言 …… 76
5.2 钢-再生混凝土组合梁有限元模型的建立 …… 77
5.2.1 材料力学模型 …… 77
5.2.2 单元选择及网格划分 …… 83
5.2.3 接触及边界条件设置 …… 84
5.2.4 有限元分析过程 …… 85
5.3 钢-再生混凝土组合梁有限元模型验证 …… 86
5.3.1 长期荷载作用下钢-混凝土组合梁力学性能验证 …… 86
5.3.2 钢-混凝土组合梁长期推出试验验证 …… 92
5.3.3 瞬时荷载作用下钢-混凝土组合梁力学试验验证 …… 92
5.3.4 钢-混凝土组合梁短期推出试验验证 …… 98
5.4 本章小结 …… 101
第6章 钢-再生混凝土组合梁有限元参数分析及设计方法 …… 102
6.1 引言 …… 102
6.2 钢-再生混凝土组合梁长期性能参数分析 …… 102
6.2.1 参数选择 …… 102
6.2.2 再生粗骨料取代率的影响 …… 103
6.2.3 楼板类型的影响 …… 105
6.2.4 楼板厚度的影响 …… 109
6.2.5 组合梁跨度的影响 …… 111
6.2.6 长期荷载的影响 …… 114

6.2.7 环境相对湿度的影响 …… 117
6.3 钢-再生混凝土组合梁长期挠度计算方法 …… 119
6.3.1 我国现行组合梁挠度设计方法 …… 119
6.3.2 我国现行设计方法适用性评价 …… 121
6.3.3 修正的钢-再生混凝土组合梁长期挠度设计方法 …… 121
6.4 本章小结 …… 124
第7章 结论 …… 125
参考文献 …… 127

第1章
绪　论

1.1 研究背景和意义

1.1.1 研究背景

1. 再生混凝土的特点及应用

随着我国城镇化建设规模不断扩大，对自然资源的消耗也在不断增加。2016年，我国用于工程建设消耗的天然砂石约200亿吨[1]；天然砂石过量开采，对我国自然环境造成严重的破坏，目前我国加大对天然砂石供应端的整治力度，致使天然砂石消耗量增幅减缓；预计至2022年，我国年天然砂石消耗量约为210亿吨。高速的城镇化建设产生了大量建筑垃圾，据相关数据显示，预计至2022年，我国年废弃混凝土量将达3.68亿吨[2]。目前我国对废弃混凝土的处理还比较粗犷，除小部分用于道路路基及路面工程、填充墙外，绝大部分通过露天堆放、填埋处理[2]，不仅造成了极大资源浪费，同时对环境造成污染，不符合我国“十三五”提出的“创新、协调、绿色、开放、共享”发展理念。废弃混凝土存量大、利用率低成为亟待解决的问题，推广再生混凝土在工程上的应用是缓解砂石资源匮乏，提高废弃混凝土资源再利用的有效措施。

为推动再生混凝土的结构化应用，日本、美国、德国、荷兰相继推出了再生混凝土应用技术规程[3]；近年来，我国也开始在建筑结构中使用再生混凝土(图1.1)，并且自2010年起也陆续颁布了《混凝土用再生粗骨料》GB/T 25177—2010[4]、《废混凝土再生技术规范》SB/T 11177—2016[5]、《再生混凝土结构技术标准》JGJ/T 443—2018[6]等国家规范及行业标准；北京、深圳、陕西、广东、四川等地先后颁布了《北京市再生混凝土结构设计规程》DB11/T 803—2011[7]、《深圳市再生骨料混凝土制品技术规范》SJG 25—2014[8]、《再生混凝土结构技术规程》DBJ 61/T—88—2014[9]、《再生块体混凝土组合结构技术规范》DBJ/T 15—113—2016[10]、《四川省再生骨料混凝土及制品应用技术》

DBJ 51/T 059—2016[11]等地方标准。

(a)青岛海逸景园

(b)上海“沪上·生态家”

图 1.1　再生混凝土在我国结构工程中的运用[2]

再生混凝土是将废弃混凝土破碎之后形成再生骨料，部分或全部替代天然骨料配比而成的混凝土[12]。再生骨料分为再生粗骨料（粒径一般为 5～40mm）和再生细骨料（粒径一般为 0～5mm）[1]，将重点对再生粗骨料（图 1.2）混凝土进行研究。由于再生粗骨料中含有性能较差的残余砂浆，所以再生混凝土与普通混凝土相比，基本力学性能较差且变异性较大。例如，与普通混凝土相比，再生粗骨料取代率为 100%的再生混凝土抗压强度降低幅度可达 40%，弹性模量的降低幅度可达 45%，收缩和徐变变形增大幅度可达 70%[1]。

将再生混凝土引入钢-混凝土组合梁中，可利用组合构件力学性能优势弥补再生混凝土在强度、弹性模量、耐久性等方面的不足，并改善其力学性能的离散性。钢-混凝土组合梁是由钢梁、抗剪连接件、楼板等构成的组合构件（图 1.3）。具体而言，通过抗剪连接件将压型钢板焊接在钢梁上，然后在压型钢板上浇筑混凝土形成组合梁；组合梁的楼板类型主要包括钢-混凝土组合板、钢筋混凝土板。

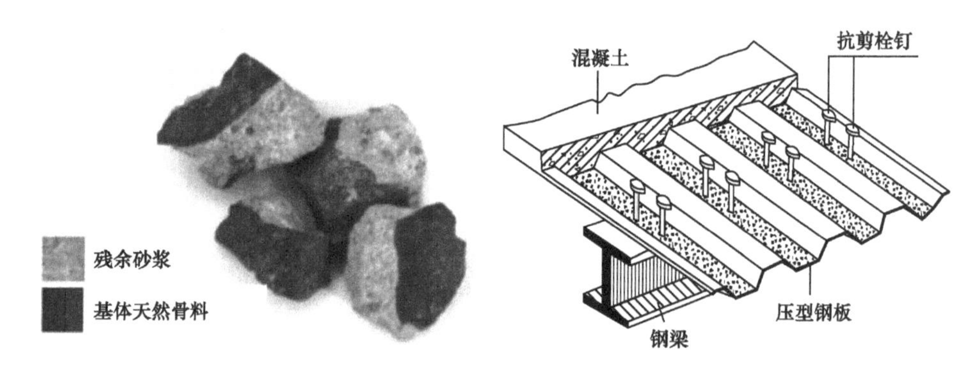

图 1.2　再生粗骨料的组成[1]

图 1.3　典型钢-混凝土组合梁示意图

其中钢-混凝土组合楼板主要分为开口型组合板、闭口型组合板、钢筋桁架楼承板等形式[1]，组合板底部钢板类型见图 1.4。钢-混凝土组合梁充分发挥了钢材良好的受拉性能及混凝土的受压性能；与传统钢筋混凝土梁相比，前者构件截面面积小、自重轻、抗震性能好，能减少模板使用，缩短施工周期，大大节约建筑成本[13]。与钢结构相比，钢-混凝土组合梁刚度大、耐火性能好、整体稳定性高[13]。由于钢-混凝土组合梁含钢量较大，因此，将再生混凝土引入组合梁中，再生骨料取代天然骨料对组合梁的力学性能影响将有所降低。现有研究结果表明，与普通混凝土组合梁相比，再生粗骨料取代率为 100%的钢-混凝土组合梁抗弯承载力仅降低 1.0%、短期刚度降低 5.5%[14]。

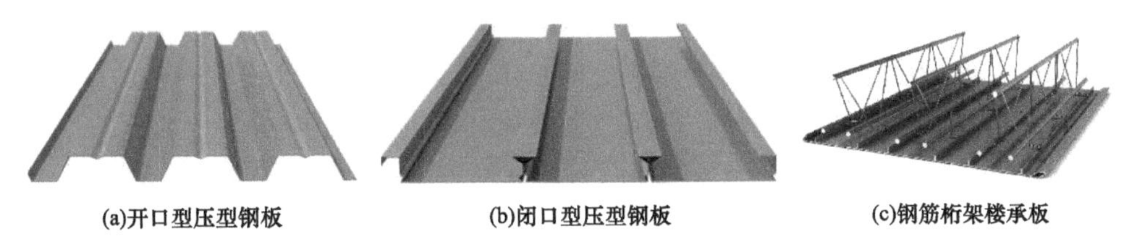

(a)开口型压型钢板　(b)闭口型压型钢板　(c)钢筋桁架楼承板

图 1.4 组合板底部钢板类型

2. 混凝土的长期变形

混凝土长期性能主要是指混凝土材料在长期荷载作用下，变形随时间增长逐渐增大的性能。混凝土的变形主要包括瞬时加载变形、长期徐变及收缩引起的变形[15]。

混凝土的瞬时加载变形主要是在混凝土受到外荷载作用下短时间内产生的变形，在变形出现的瞬间混凝土变形被定为弹性变形，而后随着时间的增长，混凝土变形逐渐增加，部分变形逐渐变为不可恢复。混凝土的长期徐变变形主要是指混凝土的总变形扣除其不加荷载时的变形，由于混凝土徐变试验主要是在混凝土干燥的过程中承担荷载作用情况下进行的，因此，混凝土的徐变变形主要包括混凝土在与周围介质没有湿度交换的密闭条件下受到长期荷载作用产生的基本徐变变形和干燥徐变变形。影响混凝土徐变变形的因素较多，整体划分为内部或外部因素：内部因素包含混凝土中水泥及骨料等原材料的品种、水灰比、灰浆比及外加剂种类等，外部因素主要包含持荷龄期、持荷大小（持荷应力比）、持荷时间、环境的相对温湿度以及结构的几何形状[15]。

混凝土的收缩变形是指混凝土凝结初期或在混凝土硬化过程中出现的体积缩小现象，主要是由于混凝土内部温湿度变化以及化学变化等因素引起，由此混凝土的收缩变形可分为混凝土凝结初期的凝缩变形（又称沉缩），化学收缩（又称自生收缩），硬化过程中的干燥收缩变形，温度收缩和碳化收缩。

混凝土的凝缩变形是由于混凝土终凝前水化反应进行剧烈，出现的体积减小现象，此时混凝土仍处于塑性状态，因此凝缩变形为塑性收缩变形。混凝土自生收缩变形是指混凝土在密封（无水分吸收与散失）条件下，自身体积随着胶凝材料发生水化反应而产生的收缩变形。混凝土干燥收缩变形是指混凝土内部湿度降低而引起的体积改变，主要是混凝土中的水分在新生成的水泥石骨架中移动及散失引起的。由于干燥收缩变形较大，是混凝土自生收缩的10倍左右（通常为$200\times10^{-6}\sim1000\times10^{-6}$），因此混凝土在恒温状态下的收缩以干燥收缩为主。混凝土的温度收缩是指混凝土由于温度降低导致的体积变形，属于物理变形。对于大体积混凝土，混凝土浇筑时水化反应放热，混凝土温度急剧变化或者混凝土不同表面温差较大时，温度收缩会导致混凝土开裂，形成温度收缩裂缝[16]。混凝土的碳化收缩是指混凝土中水泥水化物与空气中的二氧化碳、水分发生化学反应引起的变化，碳化收缩的主要原因在于水泥水化物中的氢氧化钙结晶体碳化成为碳酸钙沉淀，碳化收缩的速度取决于混凝土的含水率、环境相对湿度和构件的尺寸，另外碳化收缩发展得相对较晚，而且一般只局限于混凝土表面。

再生混凝土的长期性能发展规律与普通混凝土近似，但是由于再生混凝土中的再生粗骨料表面附着残余砂浆的影响，再生混凝土的弹性模量较低，砂浆总含量较大且吸水率更高。因此再生混凝土的瞬时变形、徐变变形和收缩变形与相同配合比下的普通混凝土相比都会有所增大。另外由于在加工再生骨料过程中经过破碎工序，致使再生骨料中存在较多微裂缝，这进一步增大了再生混凝土的吸水率，同时对再生混凝土的性能造成影响，使得其在长期荷载的作用下所产生的收缩、徐变变形将进一步增大。

3. 钢-混凝土组合梁的收缩徐变特性及主要影响因素

钢-混凝土组合梁是由钢材和混凝土两种材料组成，在长期荷载作用下，混凝土将产生收缩徐变效应[13]。混凝土的收缩主要包括自生收缩和干燥收缩，自生收缩是仅由混凝土内部胶凝材料水化作用引起的混凝土体积变化；干燥收缩是由于外界温度、湿度与混凝土内部不同，导致混凝土内部水分散失而引起混凝土体积的变化[1,2]。对于采用钢筋混凝土楼板的组合梁，在构件养护脱模之后，钢筋混凝土楼板上下表面都暴露在空气中，使得湿度可以在楼板上下表面传导[图 1.5(a)]，混凝土收缩和徐变沿截面高度方向是均匀的；对于采用钢-混凝土组合楼板的组合梁，由于组合板底部钢板的单面密闭作用，使得组合板底面附近与外界没有湿度交换［图 1.5(b)］，湿度损失小，收缩徐变变形小；组合板的上表面附近与外界环境直接接触，湿度损失大，收缩徐变变形大；组合板的上下表面湿度传导差异大，沿截面高度方向产生不均匀收缩和徐变[1,3]。且随着时间增长，这种不均匀分布形式将会显著增大[17]。

4. 钢-混凝土组合梁界面相对滑移

综合考虑构件力学性能及施工难度，实际工程应用的钢-混凝土组合梁一般采用部分剪切连接形式[18]。为了避免钢-混凝土组合梁楼板与钢梁结合面处应力集中，实际工程一般选用延性较好的抗剪连接件。在长期荷载作用下，由于混凝土的收缩和徐变效应，在组合梁的关键截面上，混凝土应力减少 1～2.5 倍，钢梁应力增加 1～2.5 倍[13]，混凝土与钢梁的协同受力性能变差，造成抗剪连接件的水平荷载增加，产生较大形变，组合梁楼板和钢梁结合面产生较大滑移。钢-混凝土组合梁的界面滑移，将会造成组合梁刚度减小，组合梁内力重分布，使结构产生附加挠度。薛伟辰等[19]和 Al-deen 等[20]研究发现，组合梁在长期荷载作用下界面相对滑移增大 34.8%～58.2%，不考虑抗剪连接件时效变形时组合梁的滑移预测值与试验值相差－30%～＋90%，应重点关注长期荷载作用下组合梁界面相对滑移对组合梁长期性能的影响。

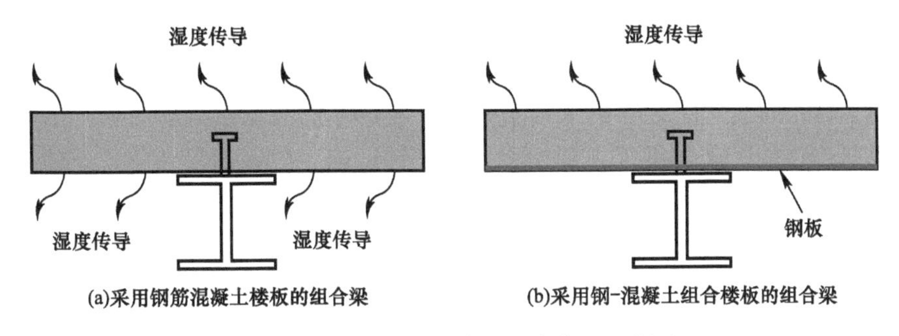

图 1.5　钢-混凝土组合梁湿度传导示意图

5. 时效作用对钢-混凝土组合梁静力性能影响

时效作用对钢-混凝土组合梁静力性能影响显著，主要包括组合梁挠度增加、组合梁截面应力重分布、组合梁界面相对滑移增加等，具体的：

(a) 钢-混凝土组合梁的挠度主要包括瞬时挠度和长期挠度。瞬时挠度主要是由于外荷载加载过程及自重作用使组合梁产生的挠度，组合梁的瞬时挠度主要由外荷载大小、钢梁及混凝土的弹性模量、混凝土的抗拉强度决定。组合梁的长期挠度主要是由于混凝土收缩徐变效应产生的挠度。具体而言，对于正弯矩区的组合梁，在长期荷载作用下，由于混凝土收缩致使混凝土开裂程度增大，混凝土压应力水平降低，混凝土徐变变形影响降低[21]，从而使钢-混凝土组合梁长期挠度增加。聂建国[22-24]研究发现，在长期荷载作用下，加载时间为 1 年的组合梁最终变形量为初期弹性变形的 2.5 倍。

(b) 截面应力重分布。在长期荷载作用下，由于前期混凝土的收缩、徐变发展较快，混凝土应变增大的同时将部分应力转移至钢梁截面，钢梁截面应力增大，即产生截面应力重分布现象[22]。由于再生混凝土收缩徐变较大，因此，与钢-普通混凝土组合梁相比，时效变形对钢-再生混凝土组合梁的影响将更加显著。

(c) 组合梁界面相对滑移增加。在实际工程中，钢-混凝土组合梁大都采用部分剪切连接方式，在荷载作用下，将会导致组合梁界面相对滑移[18]。在长期荷载作用下，受混凝土收缩、徐变的影响，组合梁界面相对滑移将会进一步发展。

6. 再生粗骨料对钢-再生混凝土组合梁长期性能的影响

与普通混凝土相比，再生混凝土抗拉强度与弹性模量分别降低20%与40%，收缩与徐变变形增大60%[1]，因此在长期荷载作用下，钢-再生混凝土组合梁的非线性行为更为显著（混凝土开裂程度大、收缩徐变大、界面滑移大），长期挠度与裂缝宽度更大。目前尚未见到针对钢-再生混凝土组合梁长期性能研究。

1.1.2 研究意义

再生混凝土在工程领域的应用使废弃混凝土“变废为宝”，既能节约废弃混凝土的填埋处理及运输费用，又能将其作为一种再生建筑材料循环利用，缓解工程对天然砂石资源需求压力，符合国家提出的减少建筑全寿命周期碳排放号召，具有较大推广价值[1]。现有结果研究表明，将再生混凝土引入钢-混凝土组合梁中，其抗弯性能、破坏形式、初始刚度、延性特征、滑移趋势与钢-普通混凝土组合梁相似[25,27]。可见，钢-再生混凝土组合梁具有良好的短期静力力学性能。由于再生粗骨料混凝土较天然粗骨料混凝土长期变形显著增大[1]，因此，将重点对钢-再生混凝土组合梁的长期性能进行研究。

对于采用钢-混凝土组合楼板的组合梁，由于其楼板底部压型钢板的密闭性，组合楼板上下表面附近的湿度为单向传导，混凝土沿组合梁楼板截面高度方向为非均匀收缩徐变。现有的钢-混凝土组合梁的性能设计方法是均匀徐变理论建立的，忽略了组合楼板的单向密闭与混凝土的收缩作用，导致现有的设计方法预测精度较低。现有试验研究主要针对钢-再生混凝土组合板的短期性能[28-30]，并验证了再生混凝土在组合板中的应用价值，然而，阻碍钢-再生混凝土组合板工程应用的一个关键因素为其长期性能可否满足工程需要，这主要体现于：(1) 与普通混凝土相比，再生混凝土受再生骨料的影响，长期变形显著增大，例如，再生混凝土中的粗骨料均采用再生粗骨料时，再生混凝土的收缩变形会增大70%～75%、徐变变形最大增加110%[31]，而且由于钢-再生混凝土组合板中底部压型钢板的密闭效应，组合板中再生混凝土相对湿度传导并不是均匀分布的，进而混凝土的收缩、徐变变形沿截面高度是非均匀分布的，致使组合板中将产生附加曲率，增大组合板的长期挠度发展[32]；(2) 实际工程中一般采用多跨连续组合板形式，但现有组合板长期性能研究大都针对单跨组合板展开[33～37]，因此，需要针对多跨连续组合板的长期性能进行研究；(3) 实际工程中的多跨连续组合板需承受多种均布与非均布荷载的长期作用。因此，有必要对混凝土的非均匀收缩、非均匀徐变对钢-混凝土组合板长期性能的影响进行研究。

与天然粗骨料混凝土相比，再生粗骨料混凝土基本力学性能离散性较大。将再生混凝土引入钢-混凝土组合梁中，再生混凝土沿组合梁楼板截面高度方向的非线性收缩徐变行为将更加显著。同时，再生粗骨料的掺入可能对组合梁截面应力产生较大的影响，组合梁的钢筋及压型钢板在正常阶段可能达到屈服。因此，需要对再生粗骨料取代率对钢-再生混凝土组合梁长期性能的影响进行系统研究。

综上，在课题组已有研究成果基础上，首先建立钢-再生混凝土组合板长期性能分析有限元模型，模型中采用强迫混凝土发生温度变化模拟混凝土的非均匀收缩变形，采用基于龄期调整的有效模量法模拟混凝土在长期荷载作用下的非均匀徐变性能；利用前期收集到的国内外已有试验研究成果验证模型的可靠程度；在此基础上，量化多跨连续钢-再生混凝土组合板处于均布及非均布荷载作用时，再生混凝土中再生粗骨料取代率对多跨连续组合板长期性能的影响，并提出考虑非均匀收缩影响的连续组合板各支座的负弯矩及裂缝宽度的计算方法。

基于此，建立钢-混凝土组合梁时效性能有限元模型，模型可考虑混凝土的开裂、收缩、徐变、界面相对滑移的耦合影响；基于现有的典型试验验证有限元模型的可靠性；对长期荷载下的钢-再生混凝土组合梁进行参数分析，量化各关键因素耦合效应影响；提出长期荷载下钢-再生混凝土组合梁挠度计算方法。研究成果可进一步完善钢-混凝土组合梁设计方法，推进钢-再生混凝土组合梁在实际工程的应用，为工程应用提供参考性建议，进一步推动再生混凝土的建筑化应用。

1.2　相关课题研究现状

1.2.1　再生混凝土的基本力学性能

对于再生粗骨料混凝土的基本力学性能，国内外学者已经进行了较为系统的试验研究。再生混凝土基本力学性能是研究钢-再生混凝土组合梁力学性能的基础。本章将从收缩、徐变、强度、弹性模量四个方面介绍再生混凝土基本力学性能的研究现状。

1. 再生混凝土的收缩徐变

1987年，Ravindrarajah等[38]对再生粗骨料混凝土及再生细骨料混凝土的收缩徐变性能进行了研究。试验共分为3组，分别为：不同水灰比对再生粗骨料混凝土力学性能的影响、不同水灰比对再生细骨料混凝土力学性能的影响、不同材质骨料混合对再生混凝土力学性能的影响。研究结果表明，在90d时，再生骨料混凝土的干燥收缩值约为天然骨料混凝土的2倍，再生混凝土的徐变随着再生混凝土强度等级的提高而增加，再生粗骨料残余砂浆含量的增多也会使再生混凝土徐变增加。

2002年，José M. V Gómez-Soberón[39]对不同再生粗骨料取代率的再生混凝土收缩性能进行了试验研究。试验中再生粗骨料的取代率分别为 0%、15%、30%、60%、100%，通过探究龄期 7d、28d 和 90d 时混凝土临界孔比、平均孔半径的分布。将再生混凝土的力学性能测试结果与压汞测孔法（MIP）进行比较。研究结果表明，随着再生粗骨料取代率的提高，再生混凝土孔隙度显著增加，收缩和徐变显著增大。

2009 年，邹超英等[40]对不同配合比的再生混凝土进行了试验研究，试验中再生细粗骨料的取代率分别为 0%、33%、66%、100%。研究了再生细骨料取代率、矿渣掺合料、应力水平对再生混凝土徐变的影响，并提出了徐变预测模型。研究结果表明，再生细骨料取代率及应力水平的增加均使再生混凝土的徐变值增大，矿渣掺合料可以一定程度上降低再生混凝土徐变。

2015 年，Dhir K 等[41]通过整理再生混凝土的研究文献，对再生混凝土徐变影响的各个因素进行统计分析研究，例如，再生粗骨料取代率、构件的尺寸、再生粗骨料来源、试验条件、化学添加剂使用等因素对再生混凝土徐变的影响。提出了不同再生粗骨料取代率的混凝土徐变修正系数。

2015 年，肖建庄等[42]对不同取代率的再生粗骨料混凝土长龄期下的立方体收缩性能进行了试验研究，试验的加载龄期为 360d，试验中再生粗骨料的取代率分别为 0%、50%、100%，并考虑了加引气剂对再生混凝土收缩徐变的影响。研究结果表明：再生粗骨料混凝土的收缩变形与天然粗骨料混凝土的收缩变形规律相似，随着再生粗骨料取代率的增加，再生混凝土的收缩变形增大；再生混凝土在加载的前期徐变发展较快，在相同条件下，加载龄期较早的再生混凝土徐变值偏大。

2016 年，Geng 等[43]基于欧洲 EC2 规范[44]的普通混凝土徐变模型，考虑了残余砂浆 K_{RCA}、基体混凝土强度系数 $k_{w/c}$ 和可恢复徐变系数 K_{RC} 的综合影响，得到再生混凝土的徐变预测模型，计算见式（1.1）：

$$\varphi_{RAC}(t,t_0)=K_{RCA}K_{RC}\varphi_{NAC}(t,t_0) \tag{1.1}$$

式中 φ_{RAC}——再生混凝土徐变系数；

K_{RCA}——残余砂浆影响系数；

K_{RC}——可恢复徐变系数；

φ_{NAC}——普通混凝土徐变系数。

2017 年，王庆贺[1]基于试验研究，考虑了不同来源、龄期、抗压强度的再生粗骨料对再生混凝土收缩性能的影响，修正了再生混凝土自生收缩模型（见式（1.2）、式（1.3））和干燥收缩模型（式（1.4）、式（1.5））。修正后的自生收缩模型与干燥收缩模型与试验结果吻合度较好，线性回归系数分别为 1.000 和 0.982，线性回归判定系数（R^2）分别为 0.950 和 0.803。

$$\varepsilon_{au}^{RAC}=\varepsilon_{au,cem}[a_{RAC}/(6c_{RAC})]^{r_{\varepsilon a}}\cdot[w_{RAC}^{T}/(0.38c_{RAC})]^{r_{\varepsilon w}} \tag{1.2}$$

$$\kappa_{sh,au}=\frac{\varepsilon_{au}^{RAC}}{\varepsilon_{au}^{NAC}}=(1-r\cdot C_{RM})^{r_{\varepsilon a}}\cdot\left[\frac{w_{RAC}+\omega\cdot a_{RCA}^{RAC}}{w_{RAC}}\right]^{r_{\varepsilon w}} \tag{1.3}$$

$$\varepsilon_{sh}^{RAC}=\varepsilon_{sh}^{TM}\cdot(1-V_{TNCA}^{RAC})^{n} \tag{1.4}$$

$$\kappa_{sh,dry}=\frac{\varepsilon_{sh}^{RAC}}{\varepsilon_{sh}^{NAC}}=\frac{\varepsilon_{sh}^{TM}}{\varepsilon_{sh}^{NM}}\cdot\left[\frac{1-(1-r\cdot C_{RM})\cdot V_{CA}^{RAC}}{1-V_{NCA}^{NAC}}\right]^{n} \tag{1.5}$$

式中 ε_{au}^{RAC}和 $\varepsilon_{au,cem}$分别为再生混凝土和水泥砂浆的自生收缩变形；a_{RAC}、c_{RAC}、w_{RAC}^{T}分别为：再生混凝土中骨料、水泥和总搅拌用水的质量含量；$r_{\varepsilon a}$和 $r_{\varepsilon w}$分别表示骨灰比和水灰比修正系数；$\kappa_{sh,au}$为再生混凝土自生收缩影响系数；ε_{au}^{NAC}为普通混凝土的自生收缩变形；r 为再生粗骨料的取代率；C_{RM}为再生粗骨料残余砂浆含量；w_{RAC}再生混凝土搅拌用水质量含量；ω 为再生粗骨料的吸水率；a_{RCA}^{RAC}为再生粗骨料的质量含量；ε_{sh}^{RAC}为再生混凝土的干燥收缩变形；$\varepsilon_{sh,au}^{TM}$为再生混凝土中总砂浆的干燥收缩变形；V_{TNCA}^{RAC}为再生混凝土中天然粗骨料的总体积含量；n 为经验系数，Fathifazl 等[45]建议根据粗骨料的弹性模量取 1.2～1.7；$\kappa_{sh,dry}$为再生混凝土干燥收缩放大系数；ε_{sh}^{NAC}为普通混凝土的干燥收缩变形；ε_{sh}^{NM}为普通混凝土水泥砂浆的干燥收缩变形；V_{CA}^{RAC}为再生混凝土的粗骨料体积含量；V_{NCA}^{NAC}为普通混凝土中粗骨料的体积含量。

2020 年，He 等[46]将不同强度的基体混凝土破碎之后得到的再生粗骨料，对其制备的再生混凝土的力学性能及徐变进行了试验研究，研究结果表明，基体混凝土的强度对再生混凝土的强度有着重要影响；减缩剂（SPA）降低了再生混凝土的早期抗压强度和弹性模量，但是，提高了再生混凝土后期的抗压强度和弹性模量；减缩剂（SPA）显著降低了混凝土的徐变变形。

综上所述，国内外学者对再生混凝土的收缩徐变性能进行了系统的研究。其中，Geng 等[43]基于欧洲规范 EC2 修正后的再生混凝土徐变模型（式(1.1)）与王庆贺[1]修正后的再生混凝土自生收缩模型（式(1.2)、式(1.3)）与干燥收缩模型（式(1.4)、式(1.5)），精度高，本章将采用该收缩模型进行后续的研究。

2. 再生混凝土的抗压强度

1985 年，Ravindrarajah 等[47]将三种强度的基体混凝土破碎之后形成再生粗骨料，对其制备的再生混凝土抗压强度进行了试验研究。研究结果表明，再生粗骨料混凝土在 7d 和 28d 的强度均低于相同条件下的天然粗骨料混凝土，这是由于与天然粗骨料相比，再生粗骨料的孔隙率较大且粘结力较弱；与中等强度的基体混凝土制备的再生混凝土相比，使用低强度等级的再生粗骨料制备的再生混凝土强度最大可降低 24%。

2003 年，Katz[48]以 28d 抗压强度为 28MPa 三种龄期基体混凝土破碎得到再生粗骨料制备的再生混凝土的抗压强度进行了试验研究，其中，基体三种龄期分别为 1d、3d 和 28d。研究结果表明，再生混凝土的龄期对再生混凝土抗压强度影响较大。例如，测试再生混凝土 7d 龄期的抗压强度，与 1d 龄期的基体混凝土破碎制备的再生粗骨料混凝土相比，3d 龄期的基体混凝土破碎制备的再生粗骨料混凝土的强度高 19%。测试再生混凝土 90d 龄期的抗压强度，这种差异增加到了 25%。这说明再生混凝土的龄期对再生混凝土的抗压强度有着显著的影响。

2009 年，Lopez-Gayarre 等[49]对再生粗骨料的质量、取代率及添加剂对再生混凝土的抗压强度等力学性能的影响进行了试验研究。研究结果表明，高质量的再生粗骨料制备的再生混凝土比低质量再生粗骨料制备的再生混凝土具有更高的抗压强度。保持水灰比的不变，增加再生粗骨料的取代率，再生混凝土的平均抗压强度变化不显著。这是由于水灰比恒定，再生粗骨料具有较高的吸水率，随着再生粗骨料取代率的增加，再生混凝土的有效水灰比减小，从而弥补了再生粗骨料对再生混凝土强度的不利影响。

2010 年，Corinaldesi[50]对两种不同粒径的再生粗骨料对再生混凝土的抗压强度的影响进行了试验研究。试验中再生粗骨料的粒径分别为 6～12mm 和 11～22mm 两个级别，再生粗骨料的取代率为 30%。试验结果表明，对于养护 28d 的立方体抗体压强度，与再生粗骨料粒径为 11～22mm 的再生混凝土相比，再生粗骨料粒径为 6～12mm 的再生混凝土高 8%。这说明粒径较小的再生粗骨料对再生混凝土的抗压强度有显著的影响。

2011 年，Xiao 等[51]通过引入再生粗骨料取代率影响系数，建立了考虑再生粗骨料取代率影响的混凝土受压模型，其计算见式（1.6）～式（1.8）：

$$y=\begin{cases} ax+(3-2a)x^2+(a-2)x^3 & 0\leqslant x<1 \\ \dfrac{x}{b(x-1)^2+x} & x\geqslant 1 \end{cases} \tag{1.6}$$

$$x=\varepsilon_c/\varepsilon_{c0} \tag{1.7}$$

$$y=\sigma_c/f_{cm} \tag{1.8}$$

式中 σ_c——混凝土的受压应力；

ε_c——混凝土的受压应变；

ε_{c0}——混凝土的受压峰值应变；

f_{cm}——混凝土的抗压强度；

a、b——再生粗骨料取代率的影响系数。

2012 年，Fakitsas 等[52]将饱和再生粗骨料作为一种固化剂对自养护高强自密实再生混凝土（SCC）进行了抗压强度试验研究。试验制备了 30 个直径为 150mm，高度为 300mm 的圆柱形试件，其中包括 18 个采用再生粗骨料混凝土，12 个天然粗骨料混凝土。分别在浇筑后 28d 和 90d 进行了抗压强度测试。研究结果表明，与普通混凝土相比，再生混凝土 28d 和 90d 的抗压强度分别高 4%和 7.6%，且再生混凝土的抗压强度随着时间的推移增长的更快，这是因为自养护可以改善再生粗骨料的摩擦性能，从而对再生混凝土的抗压强度有着显著的影响。

2014 年，Martinelli 等[53]通过对意大利 Salerno 大学实验室做的不同初始温湿度的再生混凝土的试验进行分析研究。总结了再生混凝土在不同养护龄期的抗压强度及再生混凝土在硬化过程中温度随时间的变化规律。利用理论热流模型，建立以温度来推算再生混凝土的水化过程。研究结果表明，再生混凝土的水化过程不仅受到水灰比的影响，与再生粗骨料的初始含水率也有较大的关系。将“水化程度”作为描述再生粗骨料混凝土强度演变的基本参数引入到再生粗骨料混凝土的基本力学性能计算中，再生混凝土的“水化程度”和抗压强度线性相关。

2016 年，Pandurangan 等[54]比较不同的再生粗骨料处理方法对再生混凝土的抗压强度及粘结力的影响进行了试验研究。试验中分别对再生粗骨料进行了酸处理、热处理、机械处理等方法来提高再生粗骨料的质量。采用养护 20d 的 150mm 立方体试块来测定再生混凝土的抗压强度。研究结果表明，经过酸处理和热处理的再生粗骨料质量要高于机械处理的再生粗骨料，这是由于酸处理和热处理与机械处理相比能更有效的去除再生粗骨料的残余砂浆且更有棱角。未处理的再生粗骨料混凝土的 28d 抗压强度只有天然粗骨料混凝土的 86%，而经过处理的再生粗骨料混凝土的 28d 抗压强度为天然粗骨料混凝土的 91%～99%。经过处理的再生混凝土粘结强度为普通混凝土的 79%～96%，其中酸处理能更有效的增加再生混凝土的粘结性能，能达到普通混凝土的 96%。

2017 年，王庆贺[1]基于天然粗骨料混凝土和再生粗骨料混凝土的长期抗压强度试验结果与 EC2 的抗压强度模型预测值进行对比，发现 EC2 模型可以有效的预测普通混凝土的早期（≤90d）和长期（≥90d）抗压强度及再生混凝土的早期（≤90d）抗压强度，线性回归系数分别为 1.0011、0.960 和 0.963；相应的判定系数（R^2）分别为 0.965、0.946 和 0.925。但是 EC2 低估了再生骨料混凝土的长期（≥90d）抗压强度，相应的线性回归系数为 0.854。通过在再生混凝土的养护龄期大于 28d 时引入再生粗骨料的取代率（r）对 EC2 混凝土长期抗压强度模型进行了修正，修正后的模型如公式（1.9）：

$$f_{cm}(t)=\begin{cases}\exp\{s[1-(28/t)^{1/2}]\}f_{cm} & t\leqslant 28\text{d}\\ \exp\{s[1-(28/t)^{1/2}]\}^{(1+r)}f_{cm} & t\geqslant 28\text{d}\end{cases} \tag{1.9}$$

式中 $f_{cm}(t)$——再生混凝土 t 天的抗压强度；

f_{cm}——再生混凝土 28d 的抗压强度；

s——水泥的修正系数。

修正后的模型可以有效的预测再生混凝土早期（≤90d）和长期（≥90d）抗压强度，线性回归系数分别为 1.027 和 0.999。

2019 年，Lei 等[55]对掺加胶粉、钢纤维和粉煤灰对再生混凝土的粘结性能及抗压性能进行了试验研究。试验中再生粗骨料的取代率分别为 0%、50% 和 100%，胶粉的掺入量分别为 10%、15% 和 20%，钢纤维的掺入量分别为 5%、

7.5%和10%，粉煤灰的掺入量分别为5%、15%和20%。研究结果表明，当再生粗骨料的取代率为100%时，与天然骨料混凝土相比，再生混凝土的抗压强度降低了22.6%。胶粉的掺入能提高再生混凝土的粘结性能，却降低了再生混凝土的抗压性能，例如，添加20%的胶粉后，再生混凝土的粘结性能提高了213.7%，抗压强度降低了47.5%。钢纤维和粉煤灰均能有效的改善再生混凝土的粘结性能及强压强度。

综上，国内外学者对再生混凝土的抗压性能进行了系统的研究。对于再生混凝土与普通混凝土，本章采用Xiao等[51]考虑再生粗骨料取代率（r）影响的混凝土受压模型进行后续的研究。

3. 再生混凝土的弹性模量

1985年，Hansen等[56]在普通混凝土的静态、动态弹性模量和干燥收缩的函数关系及试验研究的基础上，推导出再生粗骨料混凝土的静态、动态弹性模量函数关系。研究结果表明，与普通混凝土相比，再生混凝土的弹性模量降低15%～30%。

2005年，Xiao等[57]对再生粗骨料混凝土不同取代率对再生混凝土的弹性模量进行了试验研究。试验中再生粗骨料的取代率分别为0%、30%、50%、70%、100%，试件加载方式为单轴压缩加载，再生混凝土水灰比为0.43。再生混凝土的弹性模量 E_c 根据试验得出的应力-应变曲线（SSC）确定，如公式（1.10）所示：

$$E_c = \frac{\sigma_2 - \sigma_1}{\varepsilon_2 - 0.005\%} \tag{1.10}$$

式中 σ_2——为40%峰值荷载所对应的应力值；

σ_1——为0.005%的应变所对应的应力值；

ε_2——应力为 σ_2 时对应的应变值。

研究结果表明，再生混凝土的弹性模量低于普通混凝土的弹性模量，与天然粗骨料混凝土相比，再生粗骨料取代率100%的再生混凝土弹性模量降低45%。这是因为再生粗骨料的弹性模量低于天然粗骨料的弹性模量。

2009年，Corinaldesi等[58]对再生粗骨料取代率为50%的再生混凝土掺入粉煤灰和硅灰后的弹性模量进行了试验研究。试验中对于掺入粉煤灰的试件加入30%的减水剂溶液，以弥补添加粉煤灰对再生混凝土和易性的损失以及减少由于水化热引起的混凝土开裂的趋势。没有掺入粉煤灰的试件加入1%质量的水泥以减少水灰比对试验的影响。研究结果表明，与普通混凝土相比，再生混凝土的弹性模量降低20%～30%。粉煤灰对再生混凝土弹性模量值的变化有着显著的影响，与不掺入粉煤灰相比，掺入粉煤灰的再生混凝土的弹性模量降低13.1%。

2011年，Qian等[59]对破碎之后进行二次“剥壳”的新型再生粗骨料混凝土弹性模量等基本力学性能进行试验研究。试验结果表明，随着再生粗骨料的取代率增加，与普通再生粗骨料混凝土相比，新型再生粗骨料混凝土的弹性模量降幅较小。其中，再生粗骨料取代率为100%时，新型再生粗骨料混凝土比普通再生粗骨料弹性模量高22.5%，这是由于二次“剥壳”的处理减少了再生粗骨料附着的旧水泥砂浆，提高了再生混凝土的容重，降低了再生混凝土的孔隙率。

2012年，Feng等[60]对不同抗压强度基体混凝土制成的再生粗骨料混凝土进行了试验研究。试验中基体混凝土的抗压强度分别为25MPa、30MPa、40MPa、50MPa、60MPa，将基体混凝土破碎之后的再生粗骨料制备再生混凝土，养护28d后再生混凝土的目标抗压强度达到30MPa后，将再生混凝土破碎得到再生粗骨料，制备具有30MPa抗压强度的再生混凝土，循环进行，直至再生粗骨料质量指标超过了允许的范围。试验结果表明，再生混凝土的弹性模量随着循环次数的增加而下降，前两个循环弹性模量分别下降5%、7%。这是由于随着循环次数的增加，再生粗骨料的过渡性界面（ITZ）力学性能下降。抗压强度较低的基体混凝土弹性模量随着循环次数的增加减幅较小，C60基体混凝土的弹性模量均大于C30，这说明高强度等级的基体混凝土制成的再生粗骨料弹性模量较高。

2014年，Peng等[61]对再生骨料缺陷对再生混凝土的弹性模量的影响进行了试验研究。试验中采用天然粗骨料、再生粗骨料及酸浸再生粗骨料三种骨料制成100mm×100mm×300mm的梁。试验结果表明，与未处理的再生粗骨料混凝土相比，经过不同浓度酸侵入的再生粗骨料混凝土弹性模量提高了6.1%～10.9%。此外，再生粗骨料混凝土的弹性模量低于天然粗骨料混凝土，这是由于附着残余砂浆的弹性模量明显低于天然粗骨料混凝土的弹性模量。

2015年，Park等[62]基于大量统计的试验数据，对再生粗骨料混凝土强度与弹性模量的关系进行了回归分析。研究假设以抗压强度和密度为解释变量，弹性强度为目标变量，提出了考虑再生粗骨料取代率及类型的再生混凝土弹性模量E估算公式（式（1.11）），该公式适用的抗压强度范围为18～65MPa。

$$E = 24R_1R_2\left(\frac{\gamma}{2.2}\right)^{1.2} \cdot \left(\frac{\sigma}{30}\right)^{0.5} \tag{1.11}$$

式中 R_1——再生粗骨料修正系数；

R_2——再生粗骨料取代率修正系数；

γ——再生混凝土的密度；

σ——再生混凝土的抗压强度。

2017年，王庆贺[1]采用不同的配置方法、龄期及骨料级配对再生混凝土弹性模量的影响进行了试验研究。试验中的配置方法分别为饱和面干法（PS）和等量砂浆含量法（EMV）；骨料龄期分别1d、18d、40d；骨料级配为粒径在5～16mm的骨料约占40%的级配Ⅰ和粒径在5～16mm的骨料约占50%的级配Ⅱ。试验结果表明，采用PS法配置再生混凝土时，再生混凝土的弹性模量随着再生粗骨料的取代率增大而增加。其中取代率为100%时，再生混凝土28d的弹性模量降低19.7%；粗骨料的龄期对再生混凝土的弹性模量影响微小；再生混凝土的弹性模量和再生粗骨料的总体积含量有关。基于天然骨料混凝土弹性模量模型，引入再生粗骨料系数建立再生粗骨料弹性模量预测模型，如式（1.12）所示：

$$E_{\mathrm{RAC}}=\left\{2\cdot V_{\mathrm{TNCA}}^{\mathrm{RAC}}+\frac{(1-2\cdot V_{\mathrm{CA}}^{\mathrm{RAC}})}{(1-V_{\mathrm{CA}}^{\mathrm{RAC}})}\cdot(1-V_{\mathrm{TNCA}}^{\mathrm{RAC}})\right\}\cdot E_{\mathrm{NAC}} \tag{1.12}$$

式中 E_{RAC}——再生凝土弹性模量；

$V_{\mathrm{TNCA}}^{\mathrm{RAC}}$——再生混凝土中天然粗骨料的体积含量和再生粗骨料中基体天然骨料的体积含量；

$V_{\mathrm{CA}}^{\mathrm{RAC}}$——再生混凝土中粗骨料的总体积含量；

E_{NAC}——普通混凝土的弹性模量。

2018年，Kang等[63]对不同再生粗骨料粒径对再生混凝土的弹性模量的影响进行了试验研究。试验中将再生粗骨料的粒径分为5～15mm、15～20mm、20～30mm三个级别，再生混凝土养护28d后进行无侧限压力试验。在试验的基础上研究了再生混凝土的力学特性与再生粗骨料粒径之间的关系，并提出了不同再生粗骨料粒径的再生混凝土的弹性模量预测模型，如式（1.13）所示：

$$E_{\mathrm{c}}=af_{\mathrm{cu}}+b \tag{1.13}$$

式中 E_{c}——为再生混凝土的弹性模量；

f_{cu}——为再生混凝土的抗压强度；

a和b——再生混凝土的线性回归系数，和再生粗骨料的粒径有关。

综上所述，国内外学者对再生混凝土的弹性模量进行了系统的研究。其中，王庆贺[1]的基于普通混凝土弹性模量预测模型，引入再生粗骨料影响系数建立了再生混凝土的弹性模量预测模型，此模型精确度高（线性回归系数及判定系数（R^2）分别为0.972和0.850）、计算简便，且模型中的各个参数方便测量。因此，本章将采用该模型进行后续研究。

1.2.2 钢-混凝土组合板长期性能研究

1. 钢-混凝土组合板瞬时性能研究

在国内外已有的钢-混凝土组合板性能研究中，针对短期性能研究已较为成熟并且对钢-混凝土组合板的各项短期受力性能研究较为全面。其中对钢-再生混凝土组合板受弯性能及纵向剪切性能等方面的试验与有限元研究也较为成熟，主要针对再生骨料取代率、压型钢板类型等参数对钢-再生混凝土组合板短期性能的影响。

2014年，张建伟[64]对一组闭口型压型钢板-再生混凝土组合板的受弯性能进行了试验研究，组合板计算跨度3000mm，宽度72mm，厚度120mm，板端焊接抗剪栓钉，再生粗骨料取代率为100%。通过钢-再生混凝土组合板在重复荷载作用下的弯曲性能试验，研究了再生粗骨料钢-再生混凝土组合楼板的受弯性能。研究结果表明：与压型钢板-普通混凝土组合楼板相比，再生粗骨料取代率对钢-再生混凝土组合楼板的受弯承载力及刚度降低幅度较小，可以忽略不计，因此，钢-再生混合混凝土组合板的受弯承载力可以直接采用现有组合板受弯承载力设计方法预测。

2015 年，崔晓曦[65]在试验研究基础上，使用 ABAQUS 对压型钢板-再生粗骨料混凝土组合板的受弯性能进行了模拟计算，组合板跨度 3200mm，宽度 720mm，厚度 120 或 150mm，再生粗骨料取代率为 100%，压型钢板的种类有闭口式、燕尾式和开口式三种类型，混凝土强度等级为 C30、C40、C50 与 C60。模拟结果表明：不同截面形式的压型钢板对再生混凝土组合板的受弯性能有较大影响；组合板的厚度增加，再生混凝土组合板的受弯承载力会增大，但其延性会降低；在一定范围内组合楼板的受弯承载力随着再生混凝土强度的提高而增大。

2019 年，李向海等[29]在已有地铁车站楼板构建形式上，提出适用于大跨度钢-再生混凝土组合结构地铁车站的楼板形式，并基于 ABAQUS 软件，建立钢筋混凝土空心叠合板受弯性能有限元模型，对改进的钢板-再生混凝土空心叠合板模型进行受弯承载力分析。结果表明，与相同配筋率的钢筋混凝土空心叠合板结构相比，改进的钢板-再生混凝土空心叠合板刚度大、承载力高，提倡在钢-混凝土组合结构装配式地铁车站中使用。

2018 年，王玉银等[66]总结分析了近十年国内外学者对钢-再生混凝土组合板等水平受力构件力学性能方面的研究成果，力学性能主要包括组合板的受弯与纵向受剪性能，结果表明：钢-再生混凝土组合板受弯承载力受再生粗骨料取代率影响较小，受弯承载力计算可按照传统设计方法计算；随着再生粗骨料取代率的增加，钢-再生混凝土组合板的纵向受剪承载力会有所下降，当再生粗骨料取代率为 100%时，组合板的纵向受剪承载力大约降低 20%。

2012 年，骆志成[67]对 10 个无栓钉压型钢板-再生混凝土组合楼板的剪切承载能力进行了试验研究，考虑了不同再生粗骨料取代率（0%、11%、21%和 31%）。研究表明，再生粗骨料取代率在 21%～36%之间变化时，再生混合组合楼板的纵向抗剪承载力变化未呈现出随废弃混凝土取代率变化的线性规律，与传统组合楼板相比，纵向抗剪承载力偏差－14.5%～13%。为了更准确地考虑压型钢板与混凝土之间的界面剪切粘结强度折减效应，可采用其提出界面粘结滑移本构模型。

2019 年，李孝忠[68]通过 17 组 34 个 300mm×300mm×510/600mm 闭口型压型钢板-混凝土组合板，先研究了闭口型压型钢板-混凝土界面剪切滑移性能，之后通过足尺板试验及有限元分析，对不同再生粗骨料取代率等参数对组合板纵向抗剪承载力的影响进行了研究。试验结果表明，再生粗骨料取代率为 100%时，剪切承载力降低幅度可达3.6%～20.0%；组合板端部未配置栓钉时，组合板发生纵向剪切破坏，组合板端部相对滑移可达5.6mm；组合板端部配置栓钉时，组合板发生抗弯破坏；再生粗骨料取代率对组合板纵向抗剪性能几乎没有影响，承载力影响较小，再生粗骨料取代率由0%增加至100%时，组合板纵向抗剪承载力仅降低2.2%～7.5%，由此可沿用规范抗弯承载力计算方法进行再生混凝土组合板设计。

综上，再生粗骨料取代率的变化对钢-再生混凝土组合板的受弯性能影响较小，可直接采用现有组合板受弯承载力设计方法预测钢-再生混合混凝土组合板的受弯承载力；再生粗骨料取代率对组合板纵向抗剪能力几乎没有影响，可沿用规范抗弯承载力计算方法进行再生混凝土组合板设计。

2. 钢-混凝土组合板长期性能研究

目前国内外对钢-混凝土组合板的长期性能研究较多，但针对钢-再生混凝土组合板长期性能研究有限。在钢-混凝土组合板的长期性能中，混凝土的长期性能占据比较大的影响。

1974年，Heiman[69]通过对实际工程中组合板长期挠度的研究，指出已有组合板挠度计算方法与实际挠度发展有显著差异，引起计算挠度与实际挠度之间的差异原因为，假设的荷载条件与实际条件之间存在差异以及假设的混凝土性能与实际性能之间存在差异，因此在计算有混凝土收缩徐变引起的长期挠度时，所得结果会存在一定偏差。

2010年，Bradford[70]对由于混凝土收缩引起的钢-混凝土组合板长期性能的影响进行了讨论，认为组合板中底部钢板的密闭性使混凝土中湿度只能单向传导，由此引起的混凝土的收缩变形呈现一个梯度分布趋势，上部混凝土收缩变形大，底部收缩变形小，从而组合板产生翘曲变形，增加了组合板的长期挠度。

2012年，Gilbert等[35,36]对钢-混凝土组合板的长期性能进行了试验研究，其中组合板采用钢板类型有：KF70开口型压型钢板、KF40开口型压型钢板、RF55缩口型压型钢板以及底部没有钢板，但在聚苯乙烯模具上浇筑，使其截面形状分别与前5个试件依次相同。试验结果表明，钢-混凝土组合板底部钢板对组合板的应变分布有显著影响，由于钢板的约束，组合板的收缩应变呈线性分布，未受约束的试件混凝土收缩应变没有明显的线性分布迹象；由于混凝土收缩应变非均匀分布，钢-混凝土组合板的长期挠度显著增大。

2015年，Al-deen等[37]通过对3个闭口型压型钢板-混凝土组合板、3个开口型压型钢板-混凝土组合板、3个底部密封的普通混凝土板以及3个两端开敞的普通混凝土板长期性能的发展规律进行了研究，板厚度分别为120mm、150mm和250mm，平面尺寸为900mm×900mm。研究结果表明，在钢-混凝土组合板横截面上发生的收缩应变是非均匀分布的，采用均匀收缩所计算的组合板的长期挠度明显低于组合板实际挠度发展；采用均匀收缩时，120mm 厚试件的曲率被低估了 40%以上，250mm 厚试件被低估了 75%以上。

2017 年，王庆贺[1]在已有研究成果基础上，对 17 个板件的长期性能进行了试验研究，试验考虑了再生粗骨料取代率（0%、50% 和 100%）、板厚（100mm、150mm 和 200mm）、湿度边界条件（顶面开敞，底面采用环氧树脂密闭、顶面和底面均开敞和顶面开敞、底面采用压型钢板密闭），试件平面尺寸为 600mm×510mm，所用压型钢板为 DW-65-170-510 闭口型钢板。试验结果表明，受组合板底部压型钢板的密闭作用，混凝土湿度沿组合板单面传导，由此引起的混凝土收缩沿截面高度非均匀分布；与普通混凝土相比，采用 100%再生粗骨料钢-再生混凝土组合板顶面收缩变形增大 20%～62%，收缩曲率增大 81%～109%。

2018 年，魏盟[71]基于国内外现有试验研究，采用 MATLAB 语言建立了可考虑混凝土开裂、徐变与非均匀收缩综合影响的钢-普通/再生混凝土简支与连续组合板长期静力性能有限元分析模型，基于有限元模型对钢-普通混凝土组合板的长期静力性能进行参数分析。通过系统研究非均匀收缩对其长期挠度的影响，发现非均匀收缩对组合板长期性能影响显著，与不考虑混凝土非均匀收缩相比较，组合板的长期挠度提高 37%～48%；再生粗骨料取代率对其长期挠度的影响，发现再生粗骨料取代率对组合板长期性能影响显著，当再生骨料取代率为 100%时，组合板长期挠度提高 28%～45%。

综上，沿用现有大部分规范中组合板长期挠度计算方法，会显著低估组合板的长期挠度，结合相关研究，建议在研究组合板的长期性能时，考虑混凝土非均匀收缩带来的影响。

3. 组合板中非均匀收缩的计算方法

为更加准确地研究组合板的长期性能，国内外学者基于组合板长期性能试验研究与已有规范中组合板长期性能设计方法，提出一系列单边密闭条件下混凝土非均匀收缩模型，考虑不同的混凝土收缩形式（混凝土均匀收缩和非均匀收缩）对组合板长期性能的影响。

2013 年，Ranzi 等[72]对钢-混凝土组合板的长期性能进行了试验研究，试件厚度 180mm，宽度 900mm，跨度 6000mm，组合板底部密闭情况为开敞、采用密闭材料、采用闭口型压型钢板。研究结果发现两端开敞情况下，组合板出现均匀收缩现象；底部采用密闭材料情况下，组合板收缩变形呈线性分布，其中顶部收缩变形为均匀收缩变形的 1.1 倍，底部收缩变形为均匀收缩变形的－0.2 倍。

2014 年，Gholamhoseini 等[73,74]基于开口型压型钢板-混凝土组合板长期性能试验结果，提出了适用于开口型压型钢板-混凝土组合板中混凝土的非均匀收缩模型，模型考虑了不同时刻混凝土的非均匀收缩，具体见式（1.14）与图 1.6。

$$\frac{\varepsilon_{sh}(y)}{\varepsilon_{sh}(t,t_c)}=0.2+(2.0-2.25r_d)\times\left(\frac{y}{D}\right)^4 \tag{1.14}$$

式中：ε_{sh}（y）——距底部钢板 y 处的混凝土收缩应变；

ε_{sh}（t，t_c）——t_c 至 t 时刻，混凝土收缩应变；

r_d——压型钢板高度与组合板高度比值；

D——组合板高度。

2015 年，Al-deen 等[75]基于组合板长期性能试验和数值研究，研究了组合板中混凝土的非均匀收缩对钢-混凝土组合板长期性能的影响，对混凝土均匀收缩应变进行调整，提出了单边密闭条件下混凝土线性非均匀收缩模型，具体见图 1.7、式（1.15）与式（1.16），式中 $\eta_{t,k}$ 与 $\eta_{b,k}$ 为混凝土非均匀收缩系数，分别取 1.2 与 0.2。

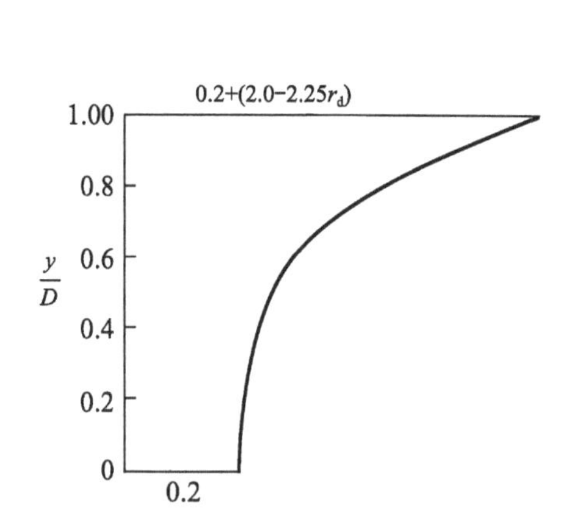

图 1.6　组合板非均匀收缩模型

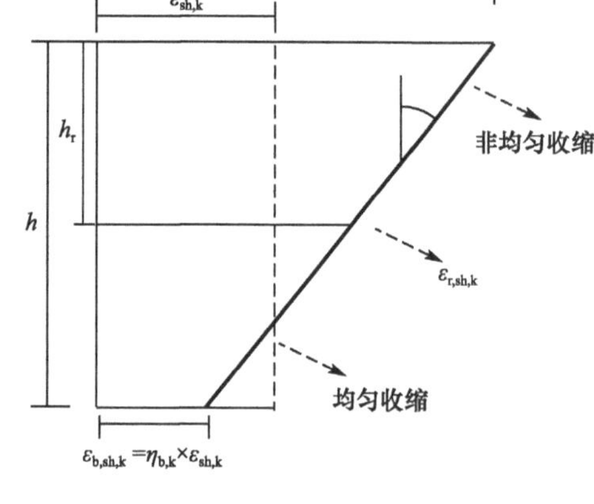

图 1.7　组合板非均匀收缩模型

$$\varepsilon_{r,sh,k}=\frac{(h-h_r)\eta_{t,k}+h_r\eta_{b,k}}{h}\varepsilon_{sh,k} \tag{1.15}$$

$$\kappa_{r,sh,k}=\frac{\eta_{t,k}-\eta_{b,k}}{h}\varepsilon_{sh,k} \tag{1.16}$$

式中　$\varepsilon_{r,sh,k}$——参考轴处混凝土非均匀收缩应变；

$\kappa_{sh,k}$——非均匀收缩应变沿截面高度分布的曲率；

h——组合板的板高；

h_r——参考轴距组合板顶部的距离。

$\varepsilon_{sh,k}$——混凝土均匀收缩应变。

2017 年，王庆贺[1]基于钢-混凝土组合板长期性能试验结果，提出了单边密闭条件下组合板中再生混凝土线性非均匀收缩模型，模型考虑了再生粗骨料取代率，具体见图1.8与式（1.17）～式（1.19）。

$$\varepsilon_{sh} = \varepsilon_{sh,t} + \kappa_{sg} y_t \tag{1.17}$$

$$\varepsilon_{sh,top} = \frac{5 \times (1.7 + 0.3r) \times \varepsilon_{sh,tot}^{code} + \varepsilon_{au}^{code}}{6} \tag{1.18}$$

$$\kappa_{sg} = -\frac{(1.7 + 0.3 \times r) \times \varepsilon_{sh,tot}^{code} - \varepsilon_{au}^{code}}{d} \tag{1.19}$$

式中 $\varepsilon_{sh,top}$——混凝土顶部收缩应变；

κ_{sg}——非均匀收缩应变沿截面高度分布的曲率；

y_t——截面任意位置距板顶的距离；

$\varepsilon_{sh,tot}^{code}$——混凝土总收缩变形；

ε_{au}^{code}——混凝土自生收缩变形；

r——再生粗骨料取代率；

d——板高。

综上，现有再生混凝土性能研究已非常成熟，本章可由此为基础进行研究；现有钢-混凝土组合板的研究主要为短期性能，尽管证实了其在工程应用方面的方便与高效，但钢-混凝土组合板的长期性能也会影响在实际工程中的使用性能；参考现有的钢-混凝土组合板长期性能研究与相关规范，混凝土非均匀收缩徐变会引起组合板长期挠度的增加，而这一影响并未引起足够重视；现有钢-混凝土组合板长期性能研究较少，部分研究借助数值分析方法，分析过程较为复杂且仅考虑了单跨组合板或其他参数（压型钢板类型、再生骨料取代率），缺少较为全面的钢-混凝土组合板长期性能研究。

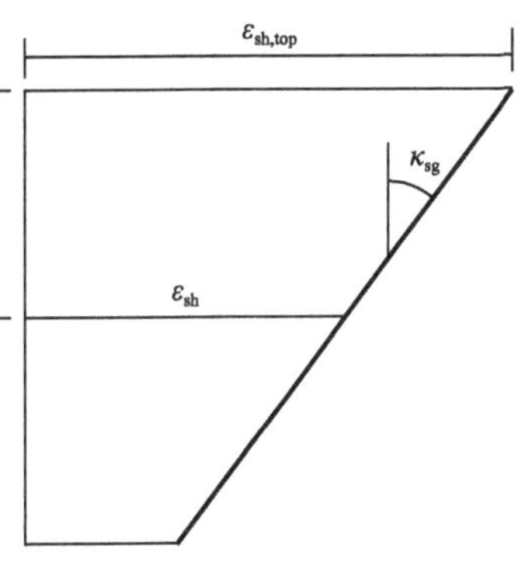

图1.8 组合板非均匀收缩模型 κ_{sg}

1.2.3 钢-混凝土组合梁长期性能

1. 试验研究

1992年，Wright等[76]对钢-普通混凝土组合梁及钢-轻质混凝土组合梁的长期收缩徐变性能进行了试验研究。试验中的钢-混凝土组合梁的跨度为8000mm、厚度为125mm、宽度为2500mm，剪切连接度为0.5，荷载值2kN/m（为50%的设计活荷载），加载时间为3年。试验结果表明，在长期荷载下，收缩和徐变对采用部分剪切连接的钢-混凝土组合梁的长期挠度比瞬时挠度大。与钢-轻质混凝土组合梁相比，钢-普通混凝土组合梁的长期收缩徐变挠度大20%，这是由于钢-普通混凝土组合梁的自重较钢-轻质混凝土组合梁的大。

2008年，Xue等[77]对两根预应力钢-混凝土组合梁和一根非预应力钢-混凝土组合梁的长期性能进行了试验研究。试验中组合梁的跨度为5000mm，楼板宽度和厚度分别为600mm、100mm。试验采用均布加载的方式，加载时间为1年。试验结果表明，对于加载龄期1年的预应力组合梁和非预应力组合梁，其长期挠度与瞬时挠度之比分别为2.0和3.1。

2009年，樊建生等[21]考虑混凝土收缩徐变对钢-混凝土组合梁长期受力性能的影响进行了试验研究。试验中的4根试验构件包含2根不同混凝土强度的简支钢-混凝土组合梁及2根配筋率不同的悬臂钢-混凝土组合梁。试验结果表明，长期荷载下，混凝土的收缩徐变对组合梁的受力性能影响显著，其中，简支组合梁的1年龄期跨中变形为初始瞬时变形的2.5倍；对于悬臂组合梁，混凝土的收缩及荷载作用会导致混凝土的开裂。

2011年，Al-deen等[20,78]对部分剪切连接的钢-混凝土组合梁的长期性能进行了试验研究。试验为5根尺寸相同的全尺寸组合梁，组合梁的跨度为8000mm，组合梁楼板宽度和厚度分别2000mm、125mm，剪切连接度为0.5与0.79。其中CB1浇筑时无支撑，在整个长期试验期间无外部荷载作用，以便测量组合梁的收缩效应，其余两根组合梁分别在无支撑和有支撑条件下浇筑，均受持续的均布荷载，加载时间为461d。CSB1无外部荷载，CSB2持续加载4个月的均布荷载。研究结果表明，组合梁的长期挠度为瞬时挠度的30%；在加载107d的长期挠度为瞬时挠度的0.55倍，CSB2与CSB1相比，CSB2的长期挠度较高，这是由于CSB2持续的外荷载引起的组合梁徐变变形较大。

2016年，韩春秀[79]对剪切连接度不同的4组简支钢-混凝土组合梁进行了试验研究。试验中组合梁楼板的宽度为1000mm，厚度为110mm，栓钉的间距为100mm，加载时间为300d。试验研究结果表明，钢-混凝土组合梁跨中挠度在前100d随着时间的增长增幅较大，150d后增幅较缓，第300d的挠度值是初始挠度的3～4倍。

2019年，Zhang等[80]对混凝土的收缩徐变效应引起的钢-混凝土组合梁长期挠度进行了试验研究。试验中，试验构件采用缩尺模型，缩尺比例为1∶8，构件的跨度为2400mm，高275mm，宽1025mm，加载时间为300d。试验结果表明，混凝土收缩徐变引起的钢-混凝土组合梁长期挠度的增量约为瞬时挠度的50%，组合梁的中性轴随着时间的推移向下移动。

综上，国内外学者对钢-混凝土组合梁进行了一定的试验研究，试验参数包括组合梁楼板的形式（钢筋混凝土板、压型钢板-混凝土组合板）、组合梁的边界条件（简支、悬臂）、组合梁的跨度（4000～8000mm）、楼板的厚度（100～300mm）等，丰富的试验参数为本文验证钢-混凝土组合梁长期性能有限元分析模型提供了数据支持。但尚无钢-再生混凝土组合梁长期性能试验研究。

2. 有限元模型分析和理论研究

1992年，Wright等[76]提出将组合梁的收缩应变和曲率联系起来以计算混凝土收缩对组合梁的影响模型，见式（1.20）。

$$K_{sh}=e\left(\frac{\varepsilon_{sh}A_cE_c}{E_sI_{comp}}\right) \tag{1.20}$$

式中　K_{sh}——为混凝土收缩引起的曲率；

e——板中心距组合梁弹性中和轴的距离；

ε_{sh}——楼板的收缩应变；

A_c——为混凝土板的面积；

E_c——为混凝土的短期弹性模量；

E_s——为钢梁的弹性模量；

I_{comp}——为组合梁的截面惯性矩。

2005年，Ranzi[81]提出了考虑收缩徐变的时间效应对钢-混凝土组合梁的长期性能理论模型。假设组合梁的楼板、钢梁及栓钉三者之间存在部分相互作用，形成了三层板的结构表征，推导出了一种新的有限元方法。基于此对组合梁的楼板和钢梁之间的连接刚度进行有限元参数分析，并将有限元分析的组合梁挠度值与EC4计算值进行了对比。

2008年，Sakr等[82]基于位移法提出了一种单轴非线性有限元方法。该方法可模拟组合梁在使用极限状态下的长期性能，考虑了非线性的荷载-滑移关系，混凝土的收缩徐变及混凝土板开裂等因素，其中，在混凝土板未开裂的条件下考虑混凝土收缩徐变因素影响。并利用该方法对考虑抗剪连接件的非线性荷载-滑移关系和混凝土板开裂对简支组合梁的长期性能进行研究。研究结果表明，对于部分剪切连接组合梁，混凝土板的开裂及非线性荷载-滑移关系对组合梁的长期挠度及混凝土板应力预测有着重要影响。

2009年，樊建生[21]等建立了考虑混凝土收缩徐变影响的钢-混凝土组合梁长期受力性能计算模型。模型假设钢梁处于线弹性阶段，混凝土未开裂，并且忽略了组合梁楼板和钢梁之间的界面滑移。

2010年，Ding等[83]推导了钢-混凝土组合梁长期应力计算的理论模型。在此基础上讨论了混凝土龄期、荷载、混凝土板纵向配筋率、混凝土板宽度、环境年平均相对湿度和混凝土强度等因素对组合梁长期应力的影响。研究结果表明，混凝土板的宽度、纵向配筋率、混凝土强度和龄期对组合梁的影响比较大，但环境的年平均相对湿度影响较小。

2011年，Al-deen等[20]提出了预测采用钢-混凝土组合楼板组合梁长期性能的数学模型。需要说明的是，该模型考虑了由于钢-混凝土组合楼板的单面密闭性，导致在组合梁楼板截面高度方向传湿不均匀而引起混凝土的不均匀收缩。

2011年，Erkmen等[84]提出了基于龄期调整有效模量法（AEMM）对水平弯曲钢-混凝土组合梁的时变收缩徐变分析的有效数值方法，见式（1.21）、式（1.22）。

$$\sigma_c = E_{ce}(t,t_0)\begin{bmatrix}1 & 0\\0 & 1/2(1+\nu_c)\end{bmatrix}\begin{Bmatrix}\varepsilon_c(t)-\varepsilon_{sh}(t)\\\gamma_c(t)\end{Bmatrix}+\bar{\varphi}\begin{Bmatrix}\sigma_c(t_0)\\\tau_c(t_0)\end{Bmatrix} \tag{1.21}$$

$$\bar{\varphi}=\frac{\phi_0(t,t_0)[\chi(t,t_0)-1]}{1+\chi(t,t_0)\phi_0(t,t_0)} \tag{1.22}$$

式中 σ_c 为混凝土应力；t 和 t_0 分别为混凝土浇筑时的时间和初始加载时的时间；$E_{ce}(t, t_0)$为龄期调整时效模量；ν_c 为混凝土的泊松比；$\varepsilon_c(t)$和 $\varepsilon_{sh}(t)$分别为 t 时刻的钢梁应变矢量分量和混凝土的收缩应变；$\bar{\varphi}$ 为徐变效应因子；$\sigma_c(t_0)$和 $\tau_c(t_0)$为t_0 时刻混凝土的方向和切向应力；$\varphi_0(t, t_0)$为混凝土 t 时的徐变应变与 t_0 时的初始应变之比；$\chi(t, t_0)$为老化系数。

2015 年，Xiang 等[85]对混凝土的收缩徐变引起的组合梁的时间结构响应进行了研究。研究中采用 MC90 模型描述混凝土的徐变及收缩，考虑了混凝土收缩徐变模型的随机性。采用了蒙特卡洛和拉丁超立方抽样及响应面结合的方法建立了混凝土收缩徐变对钢混凝土组合梁的随机响应模型。在此模型中假设混凝土的收缩为均匀的。

2018 年，Reginato 等[86]基于有限单元法对钢-混凝土组合梁在使用阶段有效宽度的变化，包括混凝土收缩徐变及开裂随时间变化的影响进行了研究。并分析了一些徐变收缩模型以及混凝土极限拉应变对钢-混凝土组合梁有效宽度的影响。

2020 年，王潇碧等[87]基于钢-混凝土组合梁的长期试验，通过定义混凝土材料徐变函数、调整组合梁界面不同的抗剪刚度等影响，对组合梁长期性能进行有限元分析，并提出一种组合梁长期挠度计算方法。

综上，国内外学者对钢-混凝土组合梁的长期性能的有限元分析及理论研究较为成熟。但现有的有限元分析及理论研究重点均为采用钢筋普通混凝土楼板（混凝土均匀收缩）的组合梁的长期性能，仅 Al-deen 等[20]对采用钢-混凝土组合楼板（混凝土非均匀收缩）的组合梁长期性能进行研究，且建立的组合梁长期性能预测模型基于少量的样本，准确性和适用性有待验证，缺少对钢-混凝土组合梁的系统参数分析。此外，目前尚无钢-再生混凝土组合梁长期性能的研究。

3. 钢-混凝土组合梁界面相对滑移

1995 年，Oehlers 等[88]提出了一种将组合梁的抗弯强度与剪力连接件的强度和延性直接联系起来的设计方法，该方法适用于抗剪连接度小于 0.6 组合梁的剪力连接件抗滑移破坏设计。

2001 年，Salari 等[89]提出了一种精确、稳定的受力框架单元，该单元能对组合梁的混凝土破碎和抗剪连接件破坏高度非线性响应，对原来的复合单元增加了一种新的非线性规律的栓钉连接。

2003 年，Nie 等[90]研究了剪切滑移对钢-混凝土组合梁变形的影响。从平衡和曲率协调的角度推导了考虑三种不同加载类型的组合梁等效刚度，进而导出了计算组合梁滑移效应的一般公式。计算结果表明，考虑滑移效应计算部分剪切连接的组合梁的变形，可显著提高预测精度。即使对于完全连接的组合梁，滑移效应也会使短跨组合梁的刚度降低 17%。

2005 年，Zhang 等[91]提出了钢-混凝土组合梁在竖向集中荷载作用下的剪切滑移应变差计算公式。认为在对钢-混凝土组合梁进行计算和设计时，组合梁界面的相对滑移不可被忽视。

2007 年，Nie 等[92]基于试验研究，提出了一种考虑滑移效应计算预应力组合梁挠度的刚度折减方法，推导出组合梁屈服和极限弯矩公式。研究结果表明，采用考虑滑移效应可以更准确地计算预应力组合梁的屈服弯矩。

2011 年，Fu 等[93]对 5 根不同剪切连接度的钢-混凝土组合梁进行了试验研究。在试验研究和理论分析的基础上。推导出了部分连接钢-混凝土梁的刚度计算公式。研究结果表明，在弹性阶段降低界面滑移能提高钢-混凝土组合梁的抗弯刚度、降低弹性挠度，但对于组合梁的极限抗弯强度影响不大。

2016 年，Huang 等[94]采用纽马克模型（NM）对考虑界面滑移的钢-混凝土组合梁进行了响应模拟，并进行参数分析。提出了计算单元刚度折减系数的简化设计公式。

2017 年，Wang 等[95]建立了考虑界面滑移和剪切变形的钢-混凝土组合梁分析理论，并推导了均布和集中荷载作用下组合梁的封闭解。通过对组合梁的正弦分布荷载作用的受力分析，得出了组合梁等效抗弯刚度的显式计算公式。

综上，国内外学者对考虑钢-普通混凝土组合梁的界面相对滑移进行了系统的试验和理论研究，考虑界面滑移对钢-混凝土组合梁的刚度、挠度、弯矩等力学性能的影响。研究发现，组合梁在长期荷载作用下界面相对滑移增大 34.8%～58.2%，不考虑抗剪连接件时效变形时，组合梁的滑移预测值与试验相差－30%～90%，组合梁界面滑移对其长期性能影响显著，目前尚无考虑界面滑移对钢-再生混凝土组合梁长期性能影响的研究。

1.2.4 研究现状总结

再生混凝土的基本力学性能研究较为成熟，目前已有再生混凝土各项力学性能模型。目前学者大都对钢-普通混凝土组合梁的长期性能进行研究，且现有规范的组合梁挠度计算方法均针对普通混凝土组合梁，且未考虑非均匀收缩徐变的影响。此外，目前尚无学者对混凝土的开裂、非均匀收缩、非均匀徐变、界面相对滑移耦合作用对钢-再生混凝土组合梁的长期性能研究，具体而言：

（1）再生混凝土的基本力学性能研究基本成熟。国内外学者对再生混凝土的基本力学性能进行了系统的试验及理论研究，建立了再生混凝土收缩、徐变模型、抗压强度模型、弹性模量模型，模型均具有一定的精度。

(2) 现有钢-混凝土组合板的研究主要为短期性能，尽管证实了其在工程应用方面的方便与高效，但钢-混凝土组合板的长期性能也会影响在实际工程中的使用性能；参考现有的钢-混凝土组合板长期性能研究与相关规范，混凝土非均匀收缩徐变会引起组合板长期挠度的增加，而这一影响并未引起足够重视；现有钢-混凝土组合板长期性能研究较少，部分研究借助数值分析方法，分析过程较为复杂且仅考虑了单跨组合板或其他参数（压型钢板类型、再生骨料取代率），缺少较为全面的钢-混凝土组合板长期性能研究。

(3) 目前，尚无钢-再生混凝土组合梁长期性能预测模型。国内外学者重点对采用钢筋普通混凝土板组合梁的长期性能进行了试验及有限元研究，对采用钢-混凝土组合楼板的组合梁研究较少，且仅对采用钢-混凝土组合楼板的组合梁的收缩徐变或者界面滑移进行单方面的研究，缺少考虑混凝土收缩、徐变、组合梁界面滑移耦合作用对钢-再生混凝土长期性能的影响。尚无钢-再生混凝土组合梁的长期性能系统的参数分析及预测模型。

1.3 本书主要研究内容

主要研究内容主要从以下两个方面开展：首先针对钢-再生混凝土组合板长期性能进行研究；基于此，对钢-再生混凝土组合梁长期性能展开系列研究。

1.3.1 钢-再生混凝土组合板长期性能

(1) 钢-再生混凝土组合板有限元模型建立及验证

基于已有研究成果，借助 ABAQUS 软件，建立钢-再生混凝土组合板非线性热力耦合有限元模型。模型考虑非均匀收缩、非均匀徐变以及混凝土开裂的耦合影响。模型中采用温度场强迫混凝土降温的方式模拟混凝土非均匀收缩变形，基于龄期调整的有效模量法模拟混凝土非均匀徐变性能，以混凝土的塑性损伤模型考虑混凝土开裂影响。通过对国内外已有对组合板长期性能研究文献进行总结，收集 21 组钢-混凝土组合板足尺试验数据，试件包括单跨组合板和两跨连续组合板，组合板采用的再生粗骨料取代率包括 0%、50%和 100%，试验结果包括在不同参数影响下组合板的长期挠度、曲率、应变及弯矩分布等。其中参数影响因素包括分布钢筋配筋率、组合板厚度、荷载大小以及再生粗骨料取代率等。利用已有试验数据成果，验证本章模型在不同的分布钢筋配筋率、组合板厚度、荷载大小以及再生粗骨料取代率的参数影响下钢-混凝土组合板的长期性能预测结果的可靠性。同时基于所收集的试验数据，对部分设计规范中考虑混凝土长期收缩、徐变影响的典型设计方法进行评述。

（2）多跨连续钢-再生混凝土组合板长期性能参数分析

由于实际工程应用中，钢-混凝土组合板一般为多跨连续构件，因此，本章在经过验证的有限元模型基础上，研究多跨连续钢-再生混凝土组合板长期性能。模型参数均采用前文验证阶段已有条件。基于参数分析结果，对比不同钢板类型对多跨连续钢-再生混凝土组合板长期性能的影响程度；量化荷载作用均布分布及非均布分布时，再生粗骨料掺入对多跨连续钢-再生混凝土组合板长期性能的影响；对比不同收缩徐变类型对多跨连续钢-再生混凝土组合板长期性能的影响。

（3）两跨连续钢-再生混凝土组合板长期性能设计方法

为进一步研究非均匀收缩对多跨连续组合板长期性能的影响，本章基于弹性设计理论，结合前文采用的非均匀收缩分布形式，拟提出两跨连续钢-混凝土组合板长期挠度计算公式，采用龄期调整的有效模量法考虑混凝土徐变影响，采用跨端附加弯矩和整体梯度温度方法考虑混凝土非均匀收缩影响，提出考虑非均匀收缩影响的两跨连续组合板各支座的负弯矩及裂缝宽度的计算方法，得到随时间变化的组合板各支座的支反力及弯矩图。采用前文已引述的两跨连续组合板的长期性能试验数据验证该设计方法的可靠性。基于设计公式，对比不同收缩模型（非均匀收缩、均匀收缩）对两跨连续板长期性能影响。

1.3.2　钢-再生混凝土组合梁长期性能

（1）采用 ABAQUS 软件，建立热-力耦合的钢-混凝土组合梁有限元模型，采用混凝土塑性损伤模型考虑混凝土受拉开裂与受压破坏；通过对混凝土主动降温与龄期调整的有效模量法模拟组合梁混凝土收缩和徐变；通过对组合梁各个部件的接触设置模拟组合梁界面相对滑移；建立可考虑混凝土开裂、收缩、徐变、界面相对滑移耦合影响的钢-再生混凝土组合梁有限元模型。

（2）总结归纳现有的钢-普通/再生混凝土组合梁试验结果，对钢-混凝土有限元模型的可靠性进行验证，验证内容包括钢-普通/再生混凝土组合梁的短期性能与长期性能；对国内外典型组合梁推出试验进行有限元模拟，以验证有限元模型滑移效应的可靠性。

（3）对钢-再生混凝土组合梁长期性能进行系统的参数分析，量化各关键参数对钢-再生混凝土组合梁长期性能的影响；基于有限元分析结果，对我国现行的组合梁长期挠度计算方法进行适用性评价；建立简支边界条件下考虑混凝土收缩、徐变及组合梁界面相对滑移耦合作用下的组合梁长期挠度计算方法。

第2章

钢-再生混凝土组合板有限元模型的建立与验证

2.1 引言

目前，国内外对于钢-普通（再生）混凝土简支组合板长期性能足尺试验研究较多，对于钢-普通（再生）混凝土两跨组合板长期性能足尺试验也有初步研究。收集以上组合板足尺试验的试验数据，可用于验证钢-混凝土组合板有限元模型的可靠性。本章建立了钢-再生混凝土组合板非线性热力耦合有限元模型，考虑混凝土的非均匀收缩变形——采用温度场强迫混凝土降温模拟；考虑混凝土的非均匀徐变变形——采用基于龄期调整的有效模量法；考虑了混凝土开裂影响——采用混凝土塑性损伤模型。将收集到的21组足尺试验数据与有限元结果进行对比，验证本章建模方法的可靠性，同时结合试验数据对现有规范设计方法进行评述。

2.2 有限元模型建立方法

在现有有限元模型理论研究中，多数规范中的理论公式并未考虑到混凝土非均匀收缩徐变的影响[96,97]，而经研究证实忽略混凝土非均匀收缩徐变会显著低估组合板长期挠度[1]。国内外组合板长期性能总结公式未有效考虑混凝土沿跨度方向不均匀开裂的影响[73]，一些采用MATLAB编写的数值模型未考虑混凝土受拉刚化的影响[98,99]。由于ABAQUS软件具有较强的非线性模拟功能，广泛应用于各种结构的非线性分析，因此，本文采用ABAQUS软件建立压型钢板-再生混凝土组合板长期性能有限元模型。

2.2.1 有限元软件模型建立

有限元模型主要包括压型钢板、混凝土、钢筋和支座垫板四部分（图2.1）。其中，压型钢板采用四节点壳单元S4R模拟，钢筋采用三维二节点桁架单元

T3D2 模拟，支座垫板采用八节点线性六面体实体单元 C3D8R 模拟，传热阶段的混凝土采用八节点线性六面体热传导单元 DC3D8 模拟，静力分析阶段的混凝土采用八节点线性六面体实体单元 C3D8R 模拟。网格划分时，组合板肋处的混凝土受力较为复杂，网格尺寸为 10～25mm，其余混凝土网格尺寸为 25～30mm，压型钢板、钢筋和垫板等构件的网格尺寸与混凝土对齐划分[100]。在对组合板长期性能进行有限元模拟时，模型建立了混凝土部分的温度场，采用了强迫混凝土降温措施模拟混凝土的非均匀收缩变形，利用到 ABAQUS 软件的热分析，因此本章模型在模型属性中设置绝对零度为－273℃，Stefan-Boltzmann 常数为 5.67×10^{-8}。

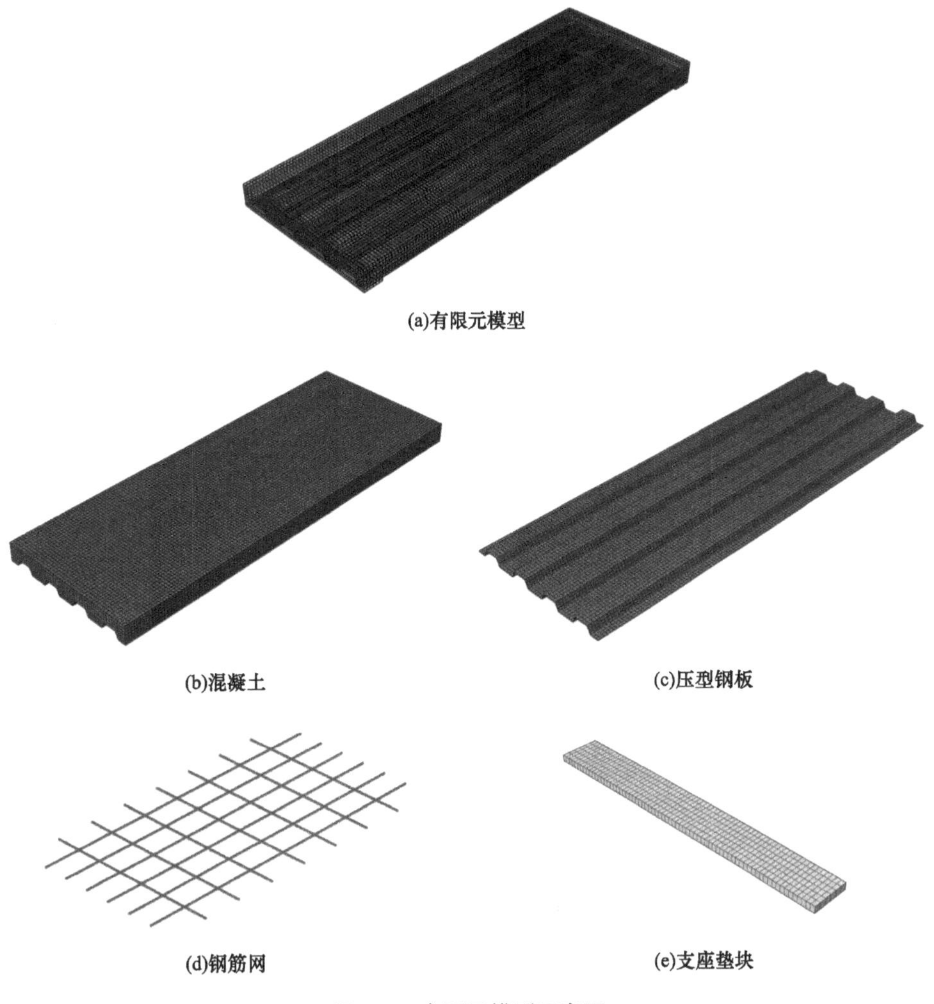

图 2.1　有限元模型示意图

1. 钢材力学模型

现有关于钢-混凝土组合板长期试验中，压型钢板及钢筋均未发生断裂破坏，为简化计算，本章模型中不考虑钢材的断裂，钢材在弹性阶段的弹性模量为206GPa，泊松比为0.3。支座处采用刚性垫块，弹性模量为钢材的10倍（E_s=2060GPa）。

实际工程应用中，压型钢板普遍采用冷加工，将涂层板或镀层板经辊压冷弯，沿板宽方向形成波形截面，此工序导致压型钢板的应变硬化和延伸率较低，其屈服强度与极限强度相近，因此本章压型钢板模型采用理想弹塑性模型。具体的受力及分布钢筋的应力-应变计算模型见图2.2，随着应力的增加，钢筋首先处于弹性阶段O-A段，O-A段斜率为钢筋的弹性模量E_s（206GPa），在A点达到屈服强度f_y（550MPa）；之后，钢筋应变在B点达到ε_p，钢筋开始进入强化阶段，强化初始弹性模量为E_p，在C点达到极限强度f_u，对应的应变为ε_u。

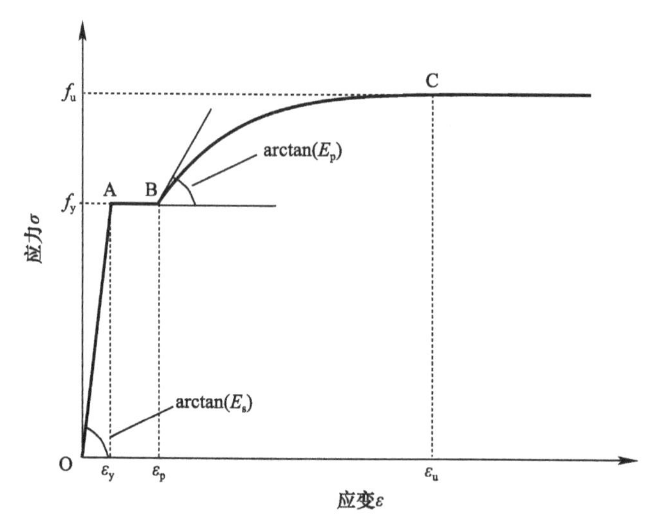

图2.2　钢筋应力-应变曲线

2. 混凝土

有限元模型的混凝土采用塑性损伤模型，相关塑性参数依据参考文献［100］选取。具体而言，膨胀角Ψ取30°，偏心率e取默认值0.1，双轴受压与单轴受压极限强度之比f_{b0}/f_{c0}取值1.16，不变量应力比K_c取值0.667，黏滞系数μ取值0.0005。

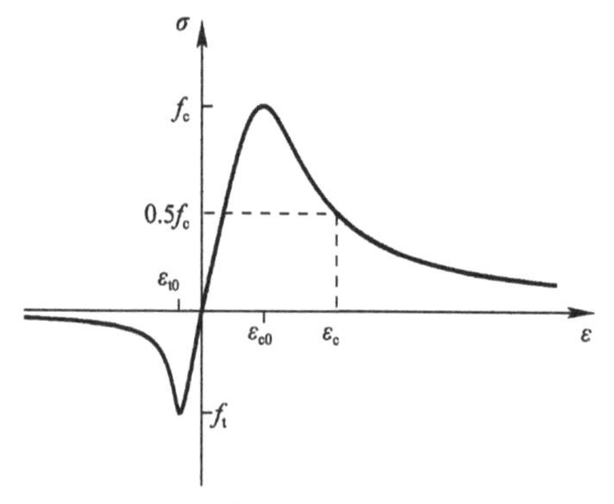

图2.3　混凝土单轴应力-应变曲线

普通混凝土的应力-应变本构关系见图2.3，而再生粗骨料表面附着残余砂浆，较天然粗骨料，物理性能有所下降，与普通混凝土相比，再生混凝土受压性能随再生粗骨料取代率r的增大而下降，本章参照文献［101］所述公式（式2.1～式2.3）进行计算。

$$y=\begin{cases}ax+(3-2a)x^2+(a-2)x^3\\ \dfrac{x}{b(x-1)^2+x}\end{cases} \tag{2.1}$$

$$a=2.2(0.748\cdot r^2-1.231\cdot r+0.975) \tag{2.2}$$

$$b=0.8(7.644\cdot r+1.142) \tag{2.3}$$

式中　y——混凝土压应力 σ_c 与峰值压应力 f_c 之比；

x——混凝土压应变 ε_c 与峰值压应变 ε_{c0} 之比；

a、b——再生粗骨料取代率的影响系数；

r——再生粗骨料取代率。

类似的，与普通混凝土相比，再生混凝土受拉性能随再生粗骨料取代率 r 的增大而下降，再生混凝土的受拉性能参照文献［101］中公式式（2.4）进行计算：

$$y=c\cdot x-(c-1)x^6 \tag{2.4}$$

式中　x——混凝土拉应变 ε_t 与峰值拉应变 ε_{t0} 之比；

y——混凝土拉应力 σ_t 与峰值拉应力 f_t 之比；

c——参考点处的正切模量与余切模量之比，$c=1.19+0.07r$。

当再生混凝土的抗压强度与普通混凝土抗压强度相同时，再生混凝土抗拉强度以及峰值拉应变参照文献［101］（式2.5、式2.6）计算：

$$f_{t,RAC}=(1-0.1\cdot r)f_{t,NAC} \tag{2.5}$$

$$\varepsilon_{t0,RAC}=(55+c\cdot r)f_{t,RAC}^{0.54} \tag{2.6}$$

式中　$f_{t,RAC}$——再生混凝土抗拉强度；

$f_{t,NAC}$——普通混凝土抗拉强度；

$\varepsilon_{t0,RAC}$——再生混凝土峰值拉应变。

普通混凝土弹性模量 $E_{c,NAC}$ 参考欧洲EC2规范式（2.7）进行计算[102]；对于采用残余砂浆含量已知的再生粗骨料时，再生混凝土弹性模量 $E_{c,RAC}$ 参考课题组提出的公式（式2.8）进行计算[1]，对于采用残余砂浆含量未知的再生粗骨料时，再生混凝土弹性模量参考再生混凝土结构技术规程的建议。

$$E_{c,NAC}=22\times[f_{cm}/10]^{0.3} \tag{2.7}$$

$$E_{c,RAC}=(1-2/3\cdot r\cdot C_{RM})E_{c,NAC} \tag{2.8}$$

式中　$E_{c,NAC}$——普通混凝土弹性模量；

f_{cm}——普通混凝土抗压强度；

$E_{c,RAC}$——再生混凝土弹性模量；

C_{RM}——再生骨料的残余砂浆含量。

混凝土的长期变形主要包括混凝土长期收缩变形及徐变变形。混凝土收缩变形 $\varepsilon_{sh}(t，z)$受混凝土孔隙率、相对湿度等因素影响，主要分为干燥收缩 $\varepsilon_{sh,dry}$ 与

自生收缩 $\varepsilon_{sh,au}$。考虑到钢-混凝土组合板中沿厚度方向的相对湿度分布是非均匀的，组合板上表面混凝土与空气直接接触，相对湿度损失大，组合板下表面混凝土受压型钢板密闭影响，相对湿度损失小，因此，受到环境相对湿度等因素影响，混凝土的收缩变形也是非均匀分布的[1]。虽然部分文献提出了非线性收缩分布形式，但考虑其应用较为复杂，本章仍采用线性收缩模型（图 2.4(a)），组合板顶部及底部的收缩变形见式（2.9）、式（2.10）。

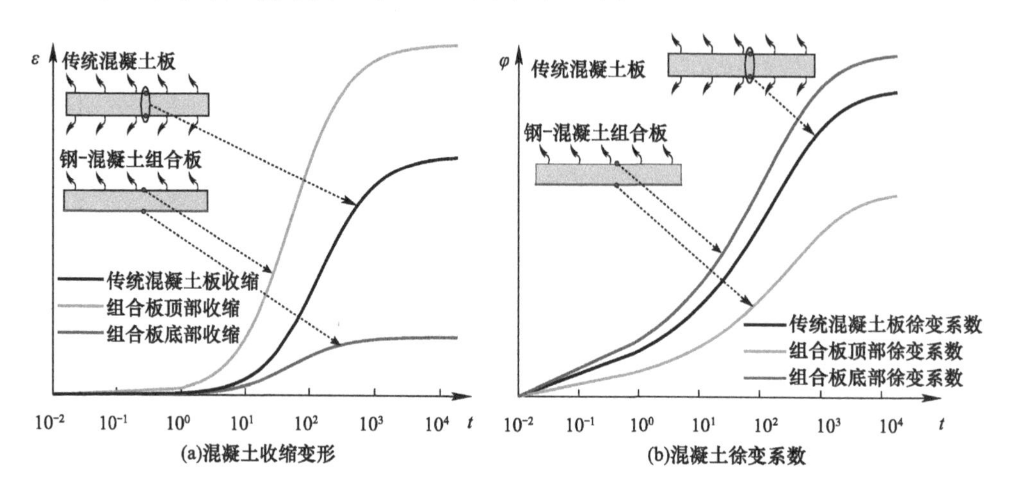

图 2.4　混凝土长期性能曲线

$$\varepsilon_{sh,top} = (1.6 + 0.1 \times r) \cdot \varepsilon_{sh} \tag{2.9}$$

$$\varepsilon_{sh,bot} = (1/6 - 1/4 \cdot r) \cdot \varepsilon_{sh,top} \tag{2.10}$$

式中　$\varepsilon_{sh,top}$——组合板顶部混凝土的收缩；

$\varepsilon_{sh,bot}$——组合板底部混凝土的收缩；

ε_{sh}——混凝土总收缩，$\varepsilon_{sh} = \varepsilon_{sh,dry} + \varepsilon_{sh,au}$。

基于 EC2 规范[44]及课题组前期研究结果，混凝土干燥收缩模型考虑骨料取代率 r、残余砂浆含量 C_{RM} 和基体混凝土强度的综合影响，具体计算如式（2.11）～式（2.13）所示；混凝土自生收缩考虑再生骨料取代率 r、残余砂浆含量 C_{RM}、再生骨料吸水率 w_{RCA}、再生粗骨料质量 a_{RAC}^{RCA} 及单位体积含水率 ω_{RAC} 的综合影响[1]，具体公式如式（2.14）、式（2.15）所示。

$$\varepsilon_{sh,dry}^{RAC} = \kappa_{sh,a} \cdot \kappa_{sh,f} \cdot \varepsilon_{sh,dry}^{NAC} \tag{2.11}$$

$$\kappa_{sh,f} = \frac{V_{NM}^{RAC}}{V_{TM}^{RAC}} + \frac{\dfrac{V_{RM}^{RAC}}{V_{TM}^{RAC}} \cdot \exp(-0.040 \cdot f_{cm}^{PC})}{\exp(-0.045 \cdot f_{cm}^{RAC})} \tag{2.12}$$

$$\kappa_{sh,a} = \left(\frac{1-(1-r \cdot C_{RM}) \cdot V_{CA}^{RAC}}{1-V_{CA}^{RAC}}\right)^{n} \tag{2.13}$$

$$\varepsilon_{sh,au}^{RAC} = \kappa_{sh,au} \varepsilon_{sh,au}^{NAC} \tag{2.14}$$

$$\kappa_{sh,au}=(1-r\cdot C_{RM})^{-0.5}\cdot\left[\frac{w_{RAC}+\omega_{RCA}\cdot a_{RAC}^{RCA}}{w_{RAC}}\right]^{-3.5} \tag{2.15}$$

式中 $\varepsilon_{sh,dry}^{RAC}$——再生混凝土干燥收缩应变；

$\varepsilon_{sh,dry}^{NAC}$——普通混凝土干燥收缩应变；

V_{RM}^{RAC}——再生混凝土中残余砂浆的体积；

V_{NM}^{RAC}——再生混凝土中普通砂浆的体积；

V_{TM}^{RAC}——再生混凝土中总砂浆的体积；

V_{CA}^{RAC}——再生混凝土中粗骨料的体积；

f_{cm}^{PC}——基体混凝土抗压强度；

n——曲率相关参数，一般取值 1.45；

$\varepsilon_{sh,au}^{RAC}$——再生混凝土自生收缩应变；

w_{RCA}——再生骨料吸水率；

ω_{RAC}——单位体积含水率；

a_{RAC}^{RCA}——再生粗骨料质量。

组合板中混凝土的徐变变形分布与非均匀收缩变形分布相似，沿截面高度亦呈现非均匀分布形式，见图 2.4(b)。混凝土的徐变变形 $\varepsilon_{cr}(t, t_0, z)$主要与徐变系数 $\varphi(t, t_{0,z})$有关，徐变系数 $\varphi(t, t_0, z)$由名义徐变系数 φ_0 和徐变发展系数 $\beta_c(t, t_0)$确定，具体公式如式（2.16）、式（2.17）所示。

$$\varphi(t,t_0,z)=\varphi_0\beta_c(t,t_0) \tag{2.16}$$

$$\varphi_0=\left[1+\frac{1-R_H/100}{0.1\sqrt[3]{h_0}}\right]\cdot\frac{16.8}{\sqrt{f_{cm}}}\cdot\frac{1}{0.1+t_0^{0.2}} \tag{2.17}$$

$$\beta_c=\left[\frac{t}{\beta_h+t}\right]^{0.3} \tag{2.18}$$

式中 $\varphi(t, t_{0,z})$——混凝土徐变系数；

φ_0——混凝土名义徐变系数；

$\beta_c(t, t_0)$——混凝土徐变发展系数；

β_h——过程参数，主要考虑环境湿度及试件理论厚度的影响。

本章基于 EC2 规范[44]及前期研究结果[21]得到再生混凝土徐变系数，认为组合板顶面相对湿度与环境相对湿度相同，底部相对湿度采用 90%。再生混凝土的徐变系数计算考虑残余砂浆系数（K_{RCA}）、基体混凝土强度系数（$k_{w/c}$）与可恢复徐变系数（K_{RC}）的综合影响，当基体混凝土信息未知时，基体混凝土强度系数（$k_{w/c}$）和可恢复徐变系数（K_{RC}）均可取 1.0，具体见式（2.19）～式（2.22）。

$$\varphi_{RAC}(t,t_0)=K_{RCA}K_{RC}\varphi_{NAC}(t,t_0) \tag{2.19}$$

$$K_{RCA}=\frac{\left[1-\dfrac{1-k_{w/c}r}{D_{NCA}}a_{CA}^{RAC}-\dfrac{k_{w/c}r(1-C_{RM})}{D_{OVA}}a_{CA}^{RAC}\right]^{1.33}}{(1-V_{CA}^{RAC})^{1.33}} \tag{2.20}$$

$$k_{w/c}=\ln\left[\frac{2.12(w_{or}/c_{or})^2-0.52(w_{or}/c_{or})+0.16}{2.13(w_{or}/c_{or})^2-1.28(w_{or}/c_{or})+0.31}\right] \tag{2.21}$$

$$K_{RC}=1-\beta\cdot\frac{t^{0.6}}{10+t^{0.6}}\cdot\left[\frac{C_{RM}V_{RCA}^{RAC}}{1-V_{RCA}^{RAC}\cdot(2-r)}\right]^{1.33} \tag{2.22}$$

式中 K_{RCA}——再生混凝土残余砂浆系数；

K_{RC}——可恢复徐变系数；

$k_{w/c}$——基体混凝土强度系数；

D_{NCA}——天然粗骨料的密度；

D_{OVA}——基体粗骨料的密度；

a_{CA}^{RAC}——再生混凝土中粗骨料的重量；

w_{or}/c_{or}——基体混凝土水灰比。

2.2.2 分析过程

有限元分析过程包括混凝土温度场建立阶段及组合板静力分析两个阶段。在有限元模型分析过程中，采用了强迫混凝土降温措施模拟混凝土的非均匀收缩变形，同时采用了基于龄期调整的有效模量法模拟混凝土非均匀徐变变形。

温度场建立阶段：此步骤所建温度场用于后续混凝土长期收缩变形的模拟。本阶段采用 Heat transfer 分析，绝对零度为－273℃，混凝土整体初始温度为 T_0，Stefan-Boltzmann 常数为 5.67×10^{-8}，导热系数为 1.355W/(m·K)，比热容为 1230.5J/(kg·K)。如图 2.5 所示，混凝土温度场沿着其厚度方向发生了不同程度的降温，对应组合板中混凝土沿厚度方向发生的非均匀收缩变形，其中混凝土上表面降温程度最大，下表面降温程度最小，中间部分呈现过渡趋势。

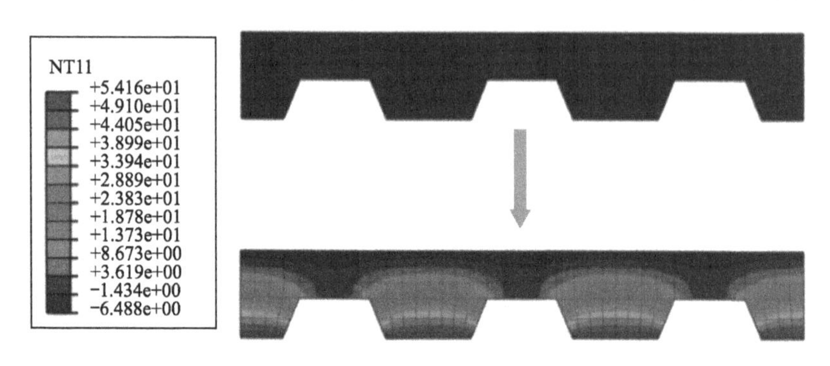

图 2.5 混凝土模型温度场

静力计算阶段：为了配合前阶段混凝土温度场的强迫降温，此阶段额外设置了混凝土热膨胀系数。此阶段包含三种步骤类型：(a) 混凝土温度场施加，此步骤用于模拟组合板在瞬时加载前，混凝土仅受收缩作用下的结构响应；(b) 荷载施加，此步骤模拟组合板在外荷载（自重及活荷载）作用下的瞬时响应，该步骤延续至全部加载步结束；(c) 混凝土温度场再次施加，该步骤用于模拟组合板在外荷载、非均匀收缩、非均匀徐变共同作用下的长期响应。

2.3　有限元模型验证及结果分析

2.3.1　有限元参数选择

为验证本章模型对组合板长期性能预测的可靠性，本章共收集21组钢-混凝土组合板足尺试验数据，全面考虑了组合板在实际工程应用中常见的设计参数。组合板试件包括单跨组合板和两跨连续组合板。单跨组合板采用的再生粗骨料取代率包括0%、50%和100%，压型钢板形式包括开口型、闭口型以及钢筋桁架楼承板；两跨连续组合板采用的再生粗骨料取代率包括0%和100%，压型钢板形式为闭口型压型钢板。组合板跨度 l 采用3000～3300mm，厚度 d 为120～180mm，混凝土抗压强度 f_c 为26.6～54.7MPa，环境相对湿度 R_H 采用42.8%～70.0%，荷载 Q 为0～17.6kPa，持荷时间为105～500d，表2.1给出了现有试验的参数和关键试验结果。

2.3.2　单跨钢-混凝土组合板长期性能预测结果

1. 采用不同厚度的板件预测结果

图2.6对比了不同厚度的钢-再生混凝土组合板长期挠度试验与预测结果，其中图2.6(a)与图2.6(b)为组合板在收缩作用下的长期挠度试验与预测结果，图2.6(c)与图2.6(d)为组合板在收缩、徐变与外荷载共同作用下的长期挠度试验与预测结果。两组试件的再生粗骨料取代率均为100%，跨度 l 均为3000mm，厚度 d 分别为120mm和180mm。由图2.6(a)与图2.6(b)可以看出，仅在收缩作用下，120mm厚钢-再生混凝土组合板试件268d跨中挠度实测值为5.48mm，跨中挠度预测值为6.11mm，较实测值相差11.5%；180mm厚钢-再生混凝土组合板试件268d跨中挠度实测值为4.01mm，预测值为3.58mm，较实测值相差10.7%，本章模型可以有效预测非均匀收缩产生的附加挠度。

由图2.6(c)可以看出，120mm厚钢-再生混凝土组合板试件在28d承担8.8kPa外荷载时，其瞬时挠度实测值为2.24mm，预测值为2.52mm，较实测值相差12.5%；由图2.6(d)可以看出，180mm厚钢-再生混凝土组合板试件在28d承担17.6kPa外荷载时，其瞬时挠度实测值为1.96mm，预测值为1.71mm，较实测值相差12.7%。此外，120mm厚钢-再生混凝土组合板试件组合板在承担8.8kPa外荷载时，268d跨中挠度实测值为6.82mm，预测值为6.06mm，较实测值相差11.1%；180mm厚钢-再生混凝土组合板试件组合板在承担17.6kPa外

现有组合板长期性能试验参数与主要结果　　表 2.1

试件编号	d/mm	L/mm	f_c/MPa	t/d	ρ/%	q/kPa	r/%	$\delta_{inst,exp}$/mm	$\delta_{tot,exp}$/mm	$\delta_{inst,pre}$/mm	$\delta_{tot,pre}$/mm	$\delta_{tot,pre}/\delta_{tot,exp}$	$\delta_{inst,pre}/\delta_{inst,exp}$
DW-S-120[99]	120	3000	36.3	268	0	0	100	—	5.48	—	6.11	1.115	—
DW-S-180[99]	180	3000	36.3	268	0	0	100	—	4.01	—	3.58	0.893	—
DW-T-120[99]	120	3000	36.3	268	0	8.8	100	2.24	6.82	2.52	6.06	0.889	1.125
DW-T-180[99]	180	3000	36.3	268	0	17.6	100	1.96	10.64	1.71	9.75	0.916	0.872
cs-1[75]	180	3000	27.3	120	0	0	0	—	3.03	—	3.64	1.201	—
cs-2[75]	180	3000	27.3	120	0.6	0	0	—	2.84	—	2.81	0.989	—
KF40-0[73]	180	3000	35.5	247	0	0	0	—	5.01	—	5.94	1.186	—
KF40-3[73]	180	3000	35.5	247	0	3.0	0	0.75	6.71	0.87	6.57	0.979	1.160
KF40-6[73]	180	3000	35.5	247	0	6.0	0	1.61	7.44	1.65	7.34	0.987	1.025
KF70-0[73]	180	3000	26.6	247	0	0	0	—	4.04	—	4.67	1.156	—
KF70-6[73]	180	3000	26.6	247	0	6.0	0	1.53	6.17	1.8	6.63	1.075	1.176
KF70-8[73]	180	3000	26.6	247	0	8.0	0	2.41	7.14	2.61	7.45	1.043	1.083
r-0[98]	120	3000	40.9	268	0	6.8	0	1.72	7.42	1.66	6.96	0.938	0.965
r-50[98]	120	3000	39.9	268	0	6.8	50	1.95	8.78	1.97	8.46	0.967	1.010
r-100[98]	120	3000	36.3	268	0	6.8	100	2.49	9.83	2.3	10.4	1.058	0.924
CLT-70-0[74]	150	3300×2	43.6	348	0.3	0	0	—	2.09	—	2.2	1.053	—
CLT-70-3[74]	150	3300×2	43.6	348	0.3	3.1	0	0.57	3.21	0.3	3.31	1.031	0.526
CLT-70-6[74]	150	3300×2	43.6	348	0.3	5.6	0	0.93	4.83	0.6	3.92	0.812	0.645
CCS-NAC-L[104]	120	3000×2	54.7	500	0.3	8.8	0	1.63	4.90	1.36	4.64	0.947	0.831
CCS-RAC-L[104]	120	3000×2	45.1	500	0.3	8.8	100	1.79	6.89	1.71	6.10	0.885	0.958
CCS-RAC-SH[104]	120	3000×2	45.1	500	0.3	0	100	—	3.40	—	3.60	1.058	—

注：试件“DW”取自文献[99]，后缀“-S”与“-T”表示无外荷载与有外荷载，后缀“-120”与“-180”表示组合板厚度(mm)；试件“cs1”与“cs2”取自文献[75]，采用了不同的分布钢筋配筋率；试件“KF40”与“KF70”取自文献[73]，后缀“-0”“-3”“-6”和“-8”等表示不同荷载等级，0kPa、3kPa、6kPa 与 8kPa；试件“r”取自文献[98]，后缀“-0”“-50”与“-100”表示再生粗骨料取代率(%)；试件“CLT-70”取自文献[74]，后缀“-0”“-3”与“-6”表示不同荷载等级；“CCS” 取自文献[104]，后缀“L”与“SH”分别表示有外荷载与无外荷载。$\delta_{inst,exp}$与$\delta_{inst,pre}$、$\delta_{tot,exp}$与$\delta_{tot,pre}$分别表示组合板的瞬时挠度试验值与预测值、总挠度试验值与预测值。

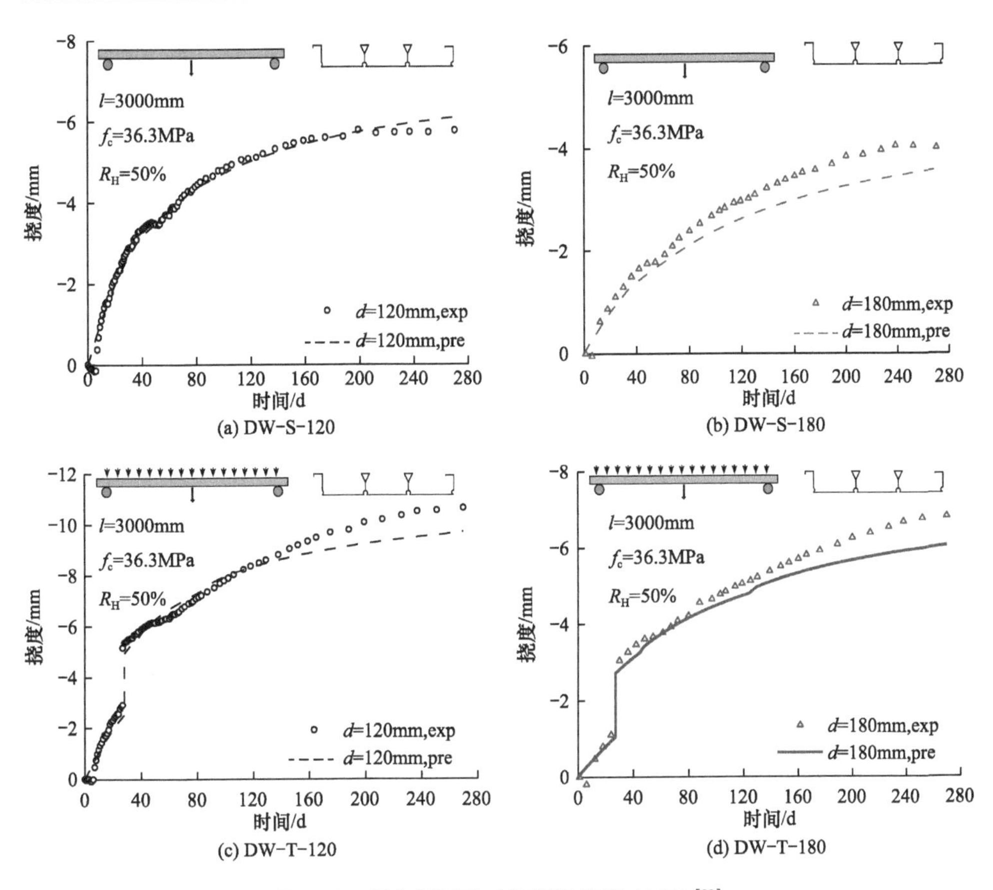

图 2.6 组合板厚度对长期性能影响对比[99]

荷载时，268d 跨中挠度实测值为 10.64mm，预测值为 9.75mm，较实测值相差 8.4%。本章模型可有效预测钢-再生组合板在外荷载、收缩和徐变共同作用下的长期挠度。

2. 采用不同分布钢筋的板件预测结果

图 2.7 比较了采用不同配筋率时钢-混凝土组合板长期挠度试验与预测结果，试件跨度 l 和厚度 d 分别为 3000mm 和 180mm，外荷载为 6.1kPa。两个试件受压区分布钢筋的配筋率分别为 0%（cs1 试件不配筋）和 0.6%（cs2 试件配置 5φ16 分布钢筋）。可以发现，单跨钢-混凝土组合板的跨中挠度随服役龄期的发展逐渐增长，但发展过程也受到试验环境影响。例如，持荷 60d 时，环境相对湿度由 43.9%提高至 79.6%，组合板挠度显著下降。有限元结果与试验结果吻合较好，60d 时，无配筋组合板挠度实测结果为 2.28mm，预测结果为 2.21mm，较实测值相差 3.0%；含配筋组合板挠度实测结果为 2.07mm，预测结果为 1.81mm，较实测值相差 12.6%。120d 时，无配筋组合板跨中挠度实测结果为

3.03mm，预测结果为3.64mm，较实测值相差20.3%；配筋组合板跨中挠度实测结果为2.84mm，预测结果为2.81mm，较实测值相差1.2%。

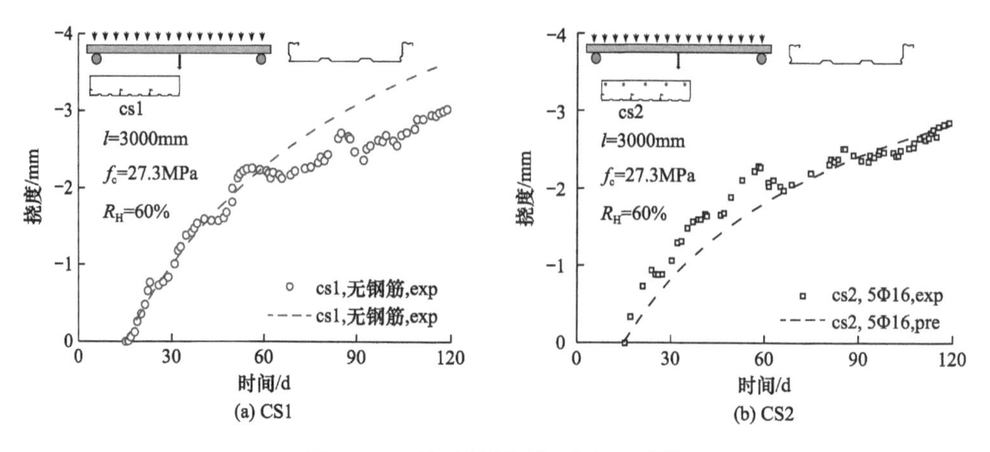

图2.7 配筋对长期性能影响对比[75]

值得一提的是，试验结果表明配置受压区分布钢筋对组合板长期挠度的影响较小，120d时两个试件的跨中挠度仅相差6.4%，这与有限元结果存在一定的差异，两个试件的有限元预测挠度相差22.8%。作者认为，该试验的测量时间仅为120d，试件挠度还在显著增长中，后续应进行更长时间的试验研究，分析受压区钢筋对组合板长期挠度的影响。

3. 采用不同荷载等级的板件预测结果

图2.8比较了钢-普通混凝土组合板在不同荷载作用下的长期挠度试验与预测结果，组合板采用开口型KF40（图2.8(a-c)）与KF70（图2.8(e-f)）压型钢板，试件跨度l为3000mm，厚度d为180mm，外荷载为0～8.0kPa。钢-混凝土组合板跨中挠度随着外荷载的增大逐渐增加，其中KF40-3试件在承受3.0kPa外荷载时的瞬时挠度为0.75mm，预测值为0.87mm，较实测值相差15.7%；KF40-6试件承受6.0kPa外荷载的瞬时挠度为1.53mm，预测值为1.80mm，较实测值相差19.7%。KF70-6试件在承受6.0kPa外荷载的瞬时挠度为1.61mm，预测值为1.65mm，较实测值相差1.9%；KF70-8试件承受8.0kPa外荷载的瞬时挠度为2.41mm，预测值为2.61mm，较实测值相差8.3%。

在247d时，试件KF40-0的跨中挠度为5.01mm，预测值为5.94mm，较实测值相差18.6%；试件KF40-3的跨中挠度为6.71mm，预测值为6.57mm，较实测值相差2.1%；试件KF40-6的跨中挠度为7.44mm，预测值为7.34mm，较实测值相差1.3%。试件KF70-0在247d的跨中挠度为4.04mm，预测值为4.67mm，较实测值相差15.7%；试件KF70-6的跨中挠度为6.17mm，预测值为6.63mm，较实测值相差7.5%；试件KF70-8的跨中挠度为7.14mm，预测值为 7.45mm，较实测值相差 4.3%。由对比结果可知，本章模型可有效预测不同荷载等级下的非均匀收缩、徐变和外荷载产生的长期挠度。

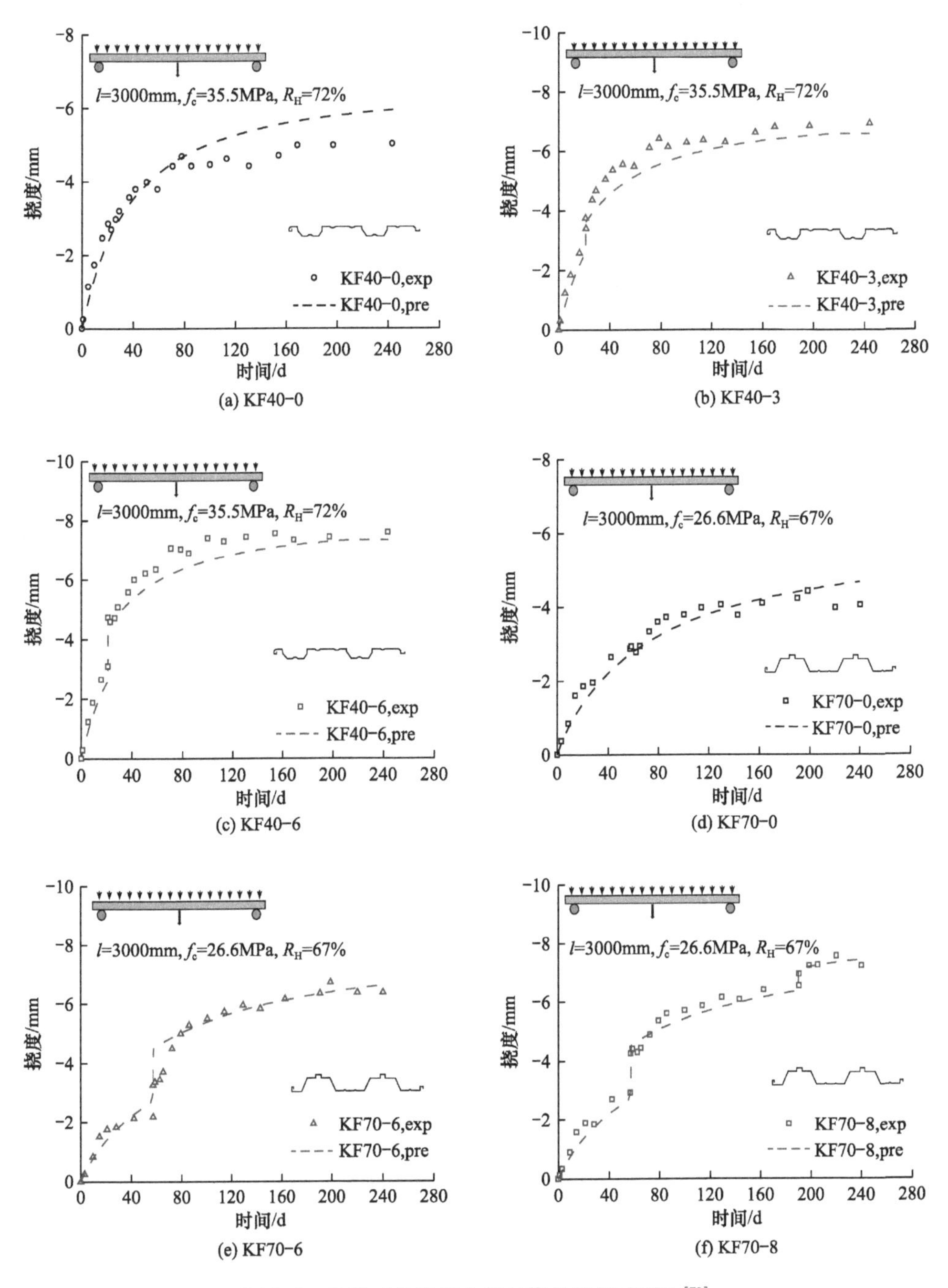

图 2.8　荷载对单跨组合板长期性能影响对比[73]

4. 采用不同取代率的板件预测结果

图 2.9 对比了不同再生粗骨料取代率（r）的钢-混凝土组合板长期挠度试验与预测结果，取代率 r 分别为 0%（图 2.9(a)）、50%（图 2.9(b)）与 100%（图 2.9(c)）。3 个试件跨度 l 为 3000mm，厚度 d 为 120mm，28d 施加外荷载 6.8kPa。由图中可以看出，不同再生粗骨料取代率的钢-再生混凝土组合板的长期挠度可被本文模型有效预测。再生粗骨料取代率 r 为 0%时，组合板 28d 瞬时挠度试验值为 1.72mm，预测值为 1.66mm，较实测值相差 3.0%；r 为 50%时，组合板 28d 瞬时挠度试验值为 1.95mm，预测值为 1.97mm，较实测值相差 0.9%；r 为 100%时，组合板 28d 的瞬时挠度试验值为 2.49mm，预测值为 2.30mm，较实测值相差 7.7%。

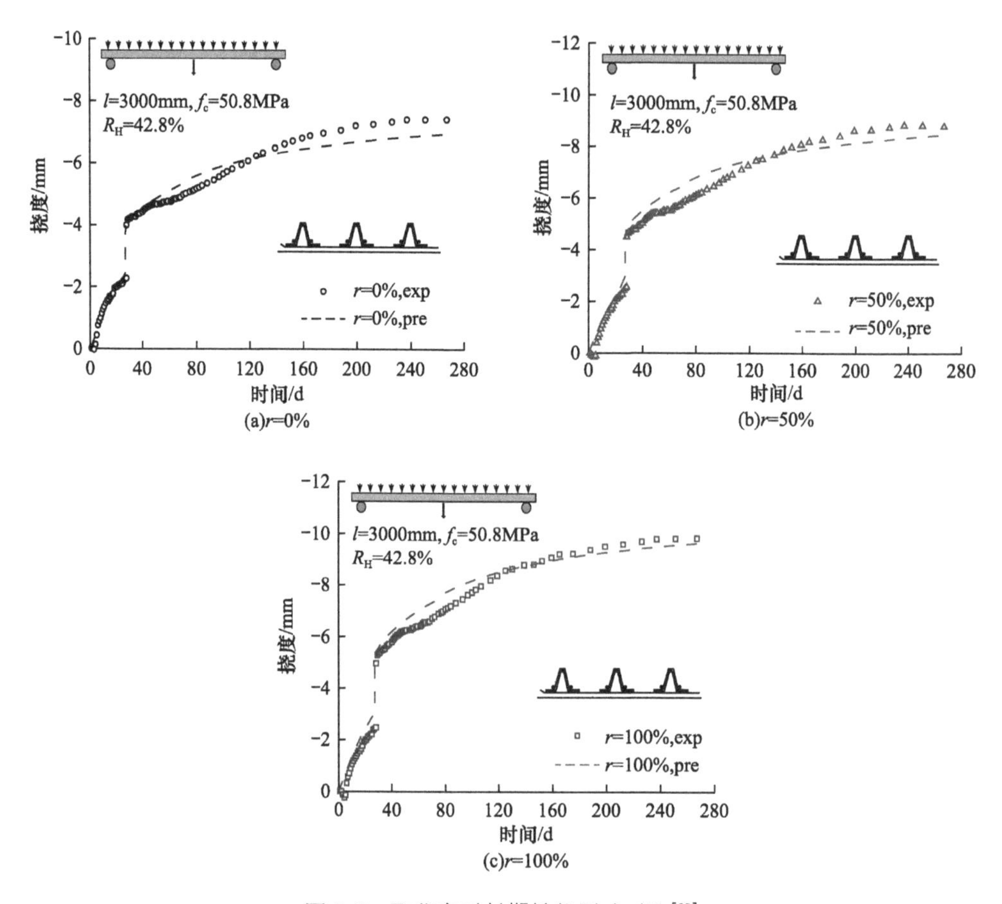

图 2.9 取代率对长期性能影响对比[98]

在 268d 时，钢-混凝土组合板的再生粗骨料取代率 r 为 0%时，组合板跨中挠度试验值为 7.42mm，预测值为 6.96mm，较实测值相差 6.2%；r 为 50%时，组合板跨中挠度试验值为 8.78mm，预测值为 8.46mm，较实测值相差 3.6%；r

为 100%时，组合板跨中挠度试验值为 9.83mm，预测值为 10.40mm，较实测值相差 1.9%。需指出，持荷时间 75d 时，三组模拟结果的跨中挠度分别比试验值低 8.6%、10.8%、8.6%，这主要是由于试验中环境湿度降低所引起的（试验时间 60～90d，环境相对湿度由 70%降低至 10%）。

2.3.3　两跨钢-混凝土组合板长期性能预测结果

1. 采用不同荷载等级的板件预测结果

图 2.10 对比分析了两跨连续钢-普通混凝土组合板在不同荷载作用下的长期挠度试验结果与预测结果，组合板单跨跨度 l 为 3300mm、宽度 b 为 1200mm、厚度 d 为 150mm，8d 分别施加外荷载 0、3.1kPa 和 5.6kPa（图 2.10(a-c)），两跨连续钢-普通混凝土组合板中支座顶部配置长度为 2000mm 的 6φ10 纵向钢筋和长度为 1120mm 的 7ϕ6 横向钢筋。可以发现，CLT-70-3 与 CLT-70-6 试件在 8d 承受 3.1kPa 和 5.6kPa 外荷载时，瞬时挠度分别为 0.57mm 和 0.93mm，预测值

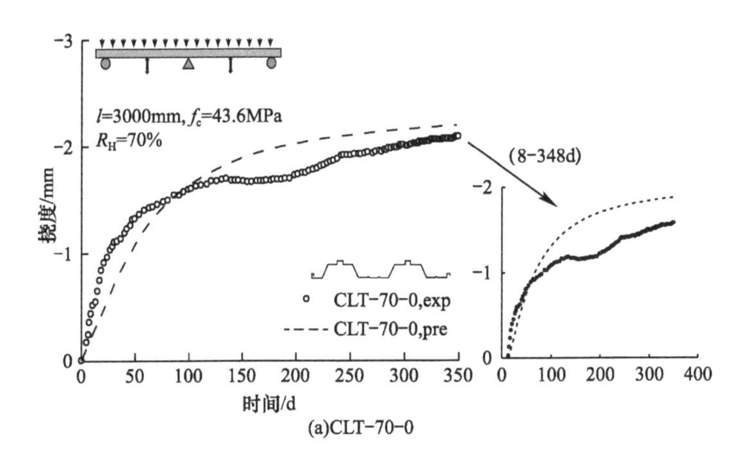

(a)CLT-70-0

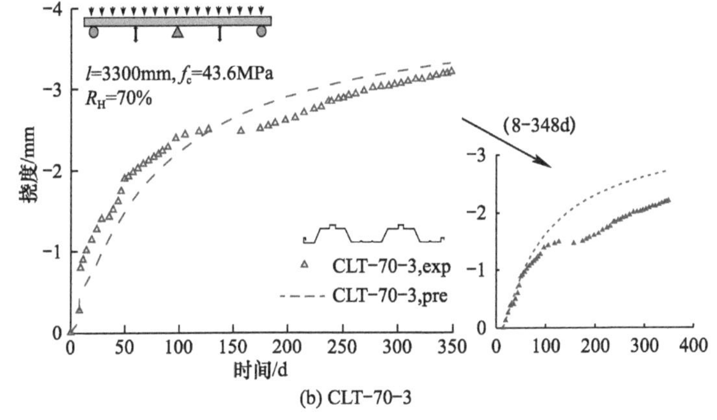

(b) CLT-70-3

图 2.10　荷载对两跨连续组合板长期挠度影响对比[74]（一）

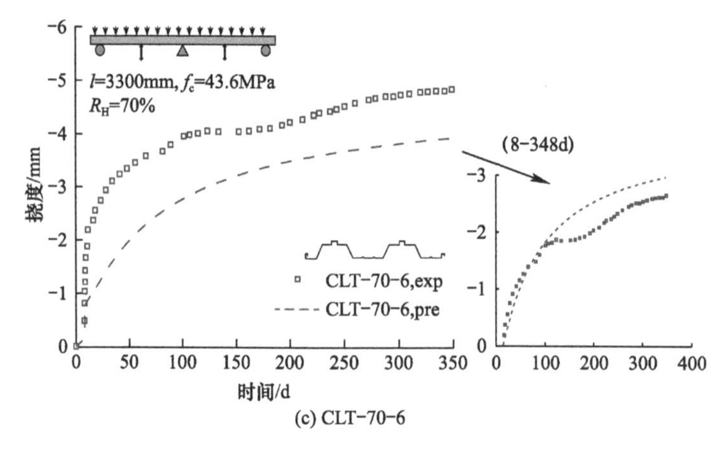

(c) CLT-70-6

图 2.10 荷载对两跨连续组合板长期挠度影响对比[74]（二）

分别为 0.30mm 和 0.6mm，预测值比实测值分别小 0.27mm 和 0.31mm。Gholamhoseini 等[74]在进行数值模拟时也发现了同样的问题，作者认为试验所得 8d 瞬时挠度明显超出合理范围，可能由于支座虚位移导致。

除此之外，8-348d 的长期挠度预测结果较为准确。试件 CLT-70-0 在 8-348d 承受 0kPa（无外荷载）后的跨中挠度试验值为 2.09mm，挠度预测值为 2.20mm，试验值与预测值相差 5.1%；试件 CLT-70-3 在 8-348d 承受 3.1kPa 后的跨中挠度试验值为 3.21mm，挠度预测值为 3.31mm，试验值与预测值相差 3.3%；试件 CLT-70-6 在 8-348d 承受 5.6kPa 后的跨中挠度试验值为 4.83mm，挠度预测值为 3.92mm，试验值与预测值相差 18.9%。需要说明的是，本章有限元模型中采用的相对湿度取值为试验过程中平均相对湿度，而实际湿度变化存在一定范围的波动，由此引起试件 CLT-70-0 与 CLT-70-3 的长期性能预测值与试验值最大相差 15.0%与 5.6%。

本章同时对两跨连续钢-混凝土组合板在外荷载、收缩和徐变共同作用下的支座弯矩进行了预测，对比结果见图 2.11。在 348d 时，试件 CLT-70-0（图 2.11(a)）仅在收缩和徐变共同作用下的弯矩试验值为 19.5kN·m，预测值为 25.4kN·m，较实测值相差 23.2%；试件 CLT-70-3（图 2.11(b)）在 3.1kPa 外荷载、收缩和徐变共同作用下的弯矩试验值为 18.5kN·m，预测值为 27.8kN·m，较实测值相差 33.4%；试件 CLT-70-6（图 2.11(c)）在 5.6kPa 外荷载、收缩和徐变共同作用下的弯矩试验值为 23.4kN·m，预测值为 29.8kN·m，较实测值相差 21.5%。值得一提的是，在原文献试验结果中，试件 CLT-70-3 在荷载 3.1kPa 作用下的长期支座弯矩均小于试件 CLT-70-0（0kPa）与 CLT-70-6（5.6kPa）的长期支座弯矩，这也一定程度上反映出长期试验中数据测量的离散性。

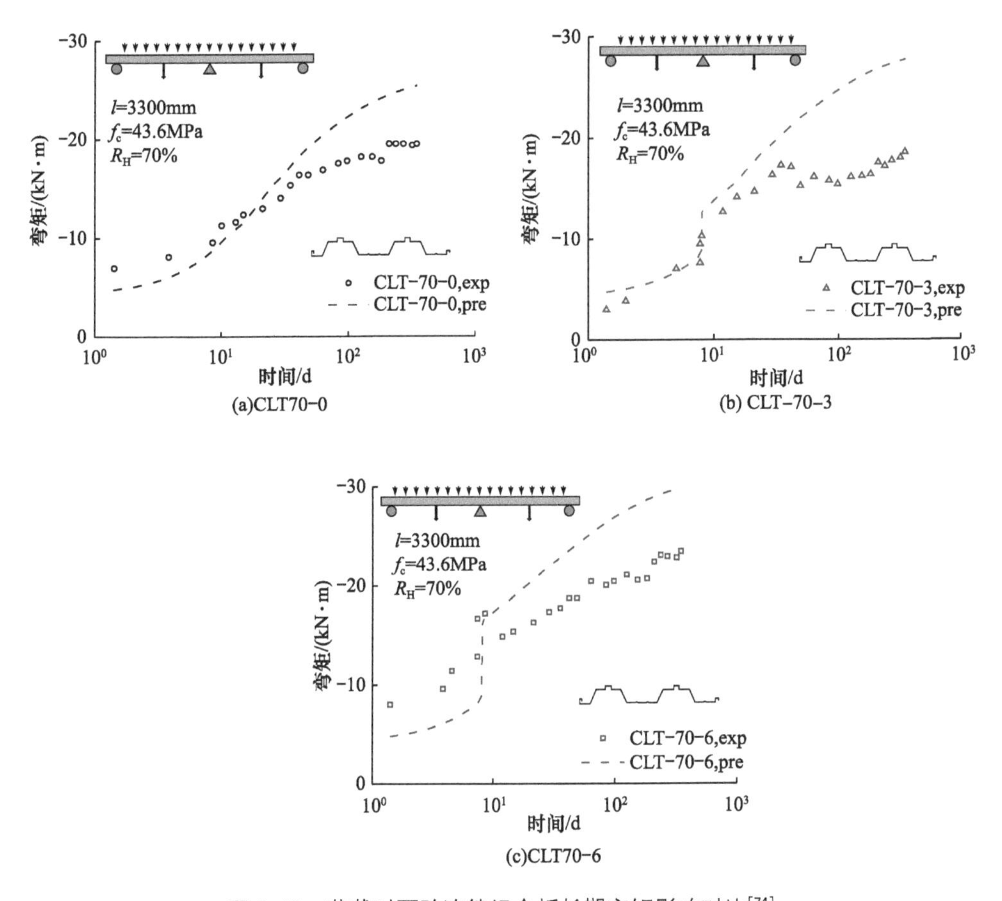

图 2.11　荷载对两跨连续组合板长期弯矩影响对比[74]

2. 采用不同取代率的板件预测结果

图 2.12 对比分析了两跨连续钢-普通/再生混凝土组合板在不同荷载作用下的长期挠度试验结果与预测结果。组合板采用 DW-65 型号压型钢板，单跨跨度 l 为 3000mm，宽度 b 为 510mm，厚度 d 为 120mm，中支座顶部受压钢筋配筋率 ρ 为 0.3%（4ϕ8），两跨再生混凝土组合板的再生粗骨料取代率为 100%，28d 施加外荷载 8.8kPa。由图中可以看出，两跨钢-普通混凝土组合板（图 2.12(b)）在外荷载作用的瞬时跨中挠度试验值与预测值分别为 1.63mm 与 1.36mm，预测值与试验值相差 16.9%；跨中长期挠度试验值与预测值分别为 4.90mm 与 4.64mm，预测值与实测值相差 5.3%。两跨钢-再生混凝土组合板（图 2.12(e)）在外荷载作用下的瞬时跨中挠度试验值与预测值分别为 1.79mm 与 1.71mm，预测值与实测值相差 4.2%；跨中长期挠度试验值与预测值分别为 6.89mm 与 6.10mm，预测值与实测值相差 11.5%。两跨钢-普通混凝土组合板（图 2.12(h)）仅在自重影响下的跨中长期挠度试验值与预测值分别为 3.40mm 与

3.60mm，预测值与实测值相差 5.8%。由对比结果可知，本章模型较为精准地预测了两跨连续钢-普通/再生混凝土组合板的长期性能。

本书还选取了两跨连续组合板 1/4 跨和 3/4 跨处的试验挠度进行对比。在 1/4 跨处，两跨钢-普通混凝土组合板（图 2.12(a)）在外荷载作用下的瞬时挠度试验值与预测值分别为 0.99mm 与 1.07mm，试验值与预测值相差 7.9%；长期挠度试验值与预测值分别为 4.22mm 与 4.02mm，试验值与预测值相差 5.0%。两跨钢-再生混凝土组合板（图 2.12(d)）在外荷载作用下的瞬时挠度试验值与预测值分别为 1.51mm 与 1.35mm，试验值与预测值相差 10.7%；长期挠度试验值与预测值分别为 5.72mm 与 5.40mm，试验值与预测值相差 5.6%。两跨钢-普通混凝土组合板（图 2.12(g)）仅在自重影响下的跨中长期挠度试验值与预测值分别为 3.19mm 与 3.46mm，试验值与预测值相差 8.4%。在 3/4 跨处，两跨钢-普通混凝土组合板（图 2.12(c)）在外荷载作用下的瞬时挠度试验值与预测值分别为 1.01mm 与 0.83mm，试验值与预测值相差 17.6%；长期挠度试验值与预测值分别为 2.77mm 与 2.60mm，试验值与预测值相差 6.3%。两跨钢-再生混凝土组合板（图 2.12(f)）在外荷载作用下的瞬时挠度试验值与预测值分别为 1.01mm 与 1.02mm，试验值与预测值相差 1.0%；长期挠度试验值与预测值分别为 3.54mm 与 3.21mm，试验值与预测值相差 9.4%。两跨钢-普通混凝土组合板（图 2.12(i)）仅在自重影响下的长期挠度试验值与预测值分别为 1.49mm 与 1.44mm，试验值与预测值相差 3.7%。

需要说明的是，文献［104］中提及，在试验过程中相对湿度存在较大波动（150～300d 期间环境相对湿度由 11%升至 90%），而本章有限元模型中采用的相对湿度取值为试验过程中平均相对湿度，因此模拟结果未能精准反映出试验中期实际相对湿度的波动。

图 2.13 对比了两跨连续钢-普通/再生混凝土组合板在不同荷载作用下的长期应变试验结果与预测结果。由图中可以看出，本章有限元模型对两跨连续钢-普通/再生混凝土组合板的长期应变发展趋势模拟较为准确。其中两跨连续钢-再生混凝土组合板在承受外荷载时，1/4、1/2 与 3/4 跨处的长期应变预测值分别与试验值相差 45.5%、67.4%与 35.0%；两跨连续钢-普通混凝土组合板在承受外荷载时，1/4、1/2 与 3/4 跨处的长期应变预测值分别与试验值相差 41.2%、45.6%与 42.4%；两跨连续钢-再生混凝土组合板在不承受外荷载时，1/4、1/2 与 3/4 跨处的长期应变预测值分别与试验值相差 34.4%、54.2%与 83.5%。

2.3.4 典型设计方法的适用性评述

由于早期缺少系统的钢-混凝土组合板长期性能试验数据，个别规范基于少量试验结果，认为压型钢板的存在阻碍了混凝土内部自由水分的散失，进而降低

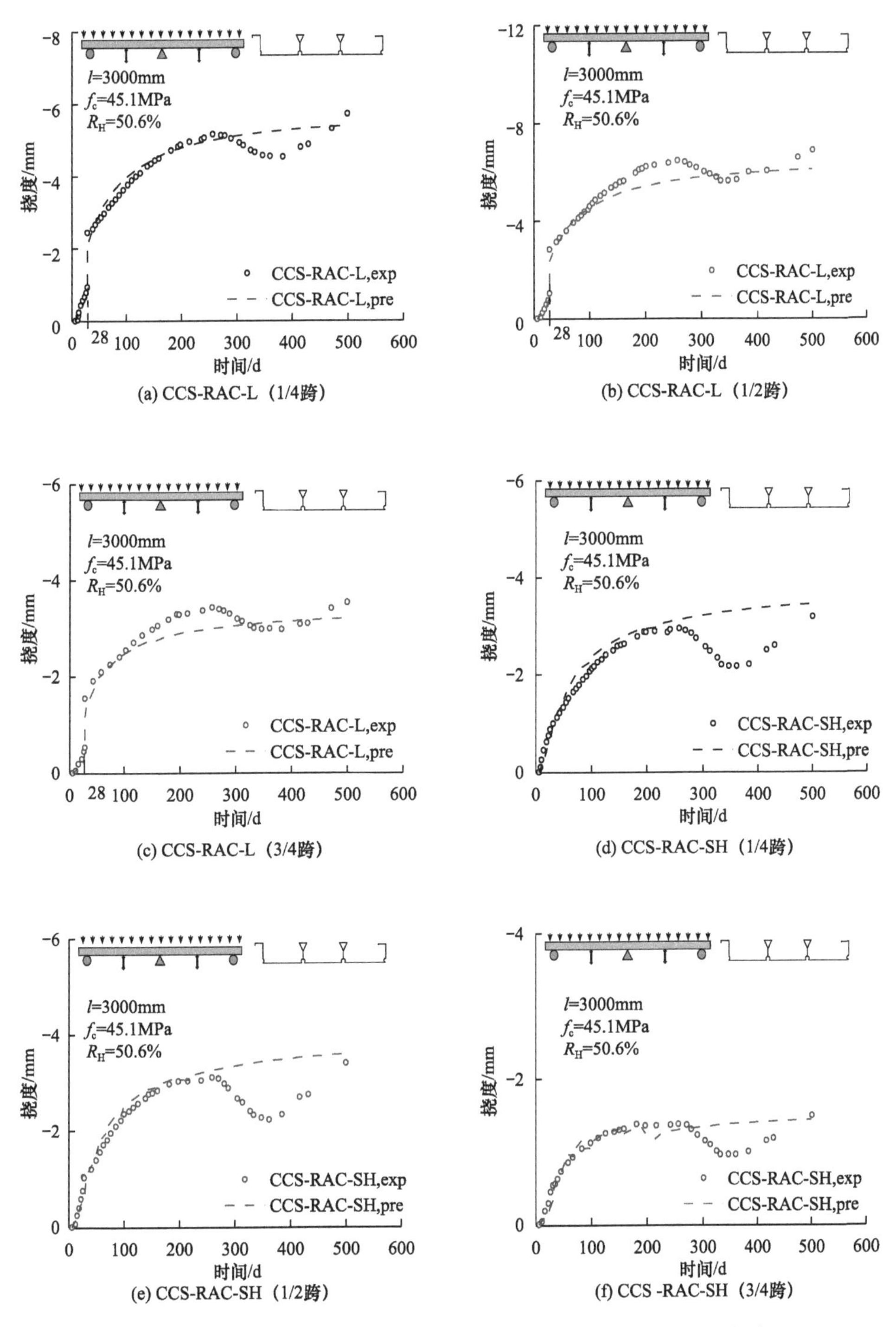

图 2.12　荷载对两跨连续-普通/再生混凝土组合板长期挠度影响对比[104]（一）

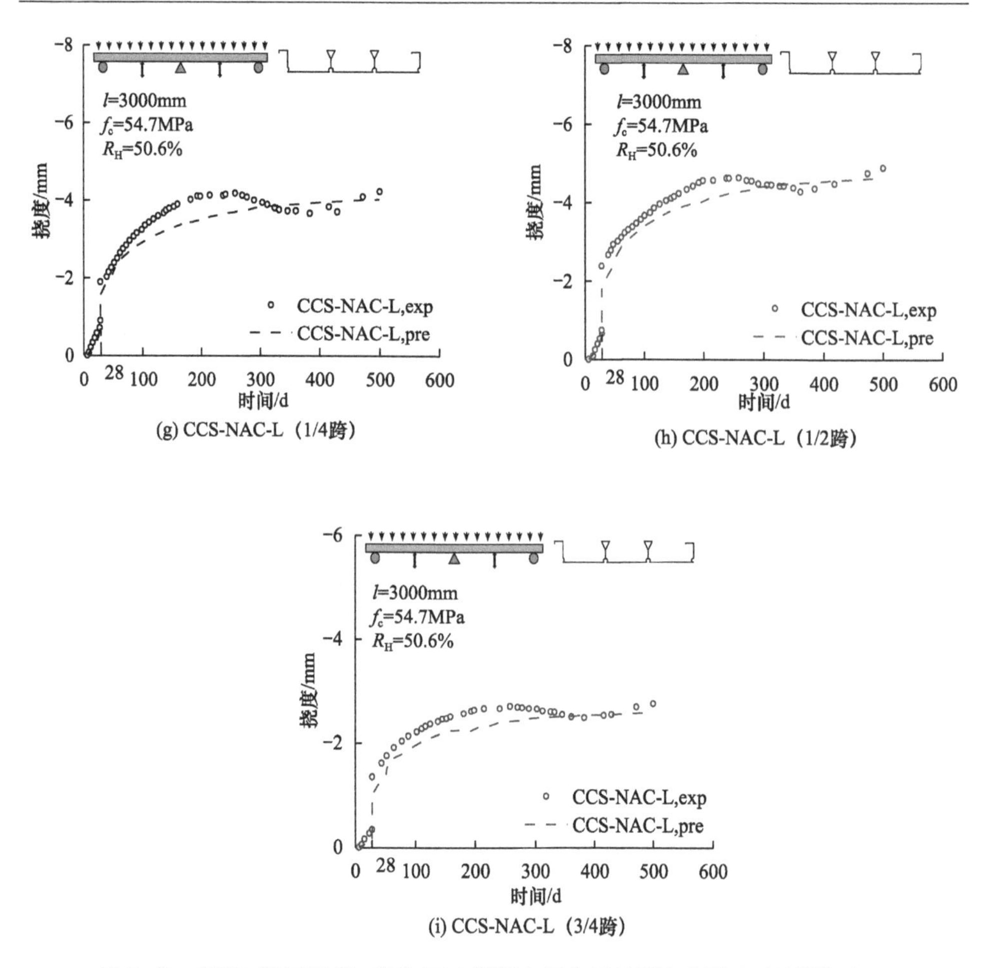

图 2.12　荷载对两跨连续-普通/再生混凝土组合板长期挠度影响对比[104]（二）

了混凝土的干燥收缩[105]，因此建议通过布置配筋率为 0.075%的分布钢筋来抵抗混凝土收缩变形的不利影响。但图 2.7 中的有限元结果表明，与未配置分布钢筋的组合板相比，配置 5ϕ16 分布钢筋的组合板（配筋率为 0.62%）长期挠度仅降低 22.8%。这说明，仅靠构造措施（例如，配置板顶分布钢筋）不能充分降低混凝土收缩变形的影响，仍需要结合计算得到由收缩变形引起的组合板附加挠度。

部分设计规范中通过折减混凝土弹性模量来考虑混凝土长期收缩、徐变的综合影响。例如，我国《组合楼板设计与施工规范》[96]沿用欧洲 EC4 规范[106]的建议，长期荷载作用下的混凝土弹性模量 E_e 采用瞬时弹性模量 E_c 的 50%。考虑到压型钢板对组合板受弯刚度的贡献，采用该措施得到的组合板长期总挠度应小于组合板瞬时挠度的 2 倍。美国 ACI318 规范[105]也建议根据受压区钢筋配筋率 ρ'、持荷时间 t 来计算组合板长期附加挠度 δ_{cs}（长期收缩和徐变引起）和长期总挠度 δ_{tot}：

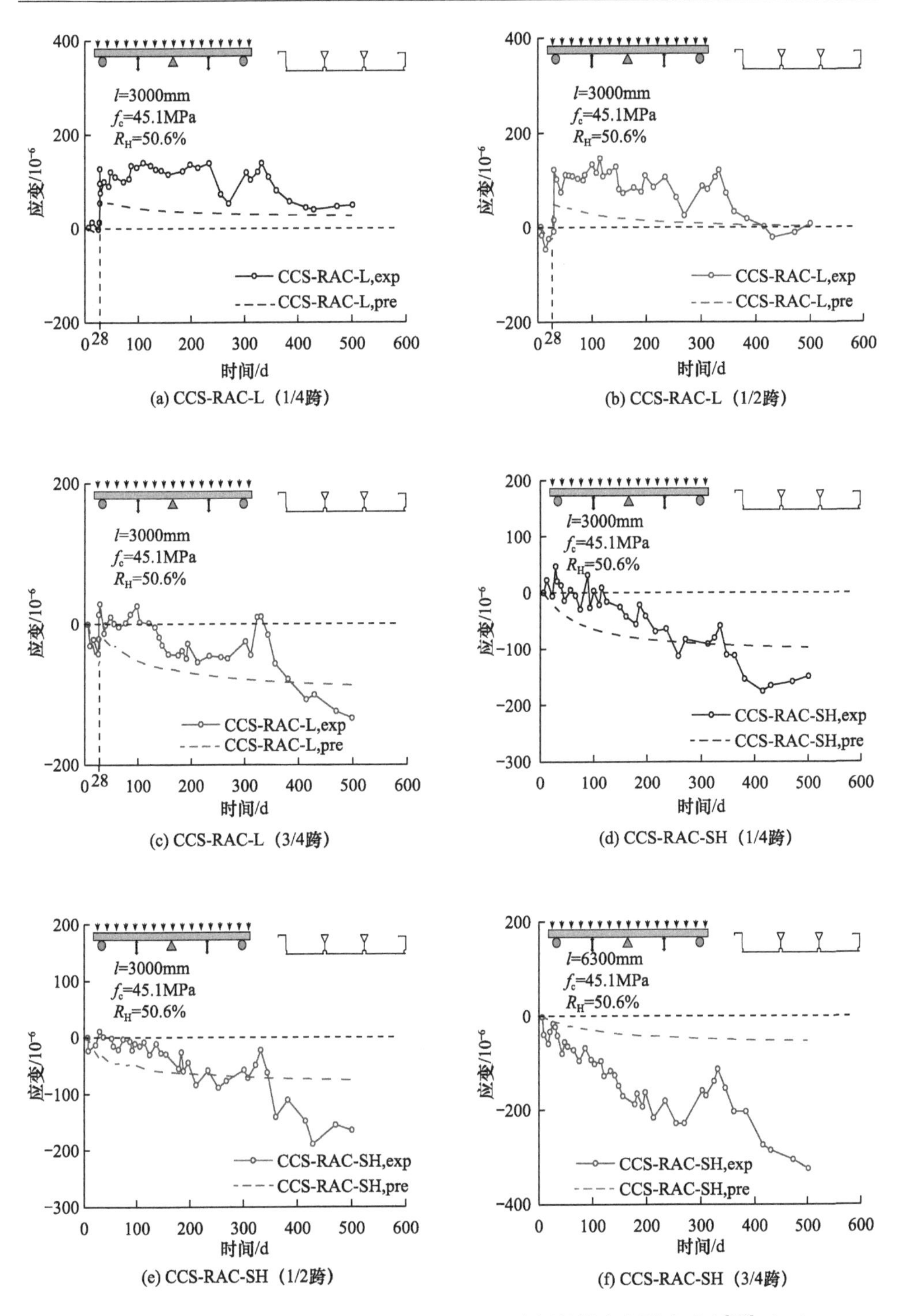

图 2.13　荷载对两跨连续-普通/再生混凝土组合板长期应变影响对比[104]（一）

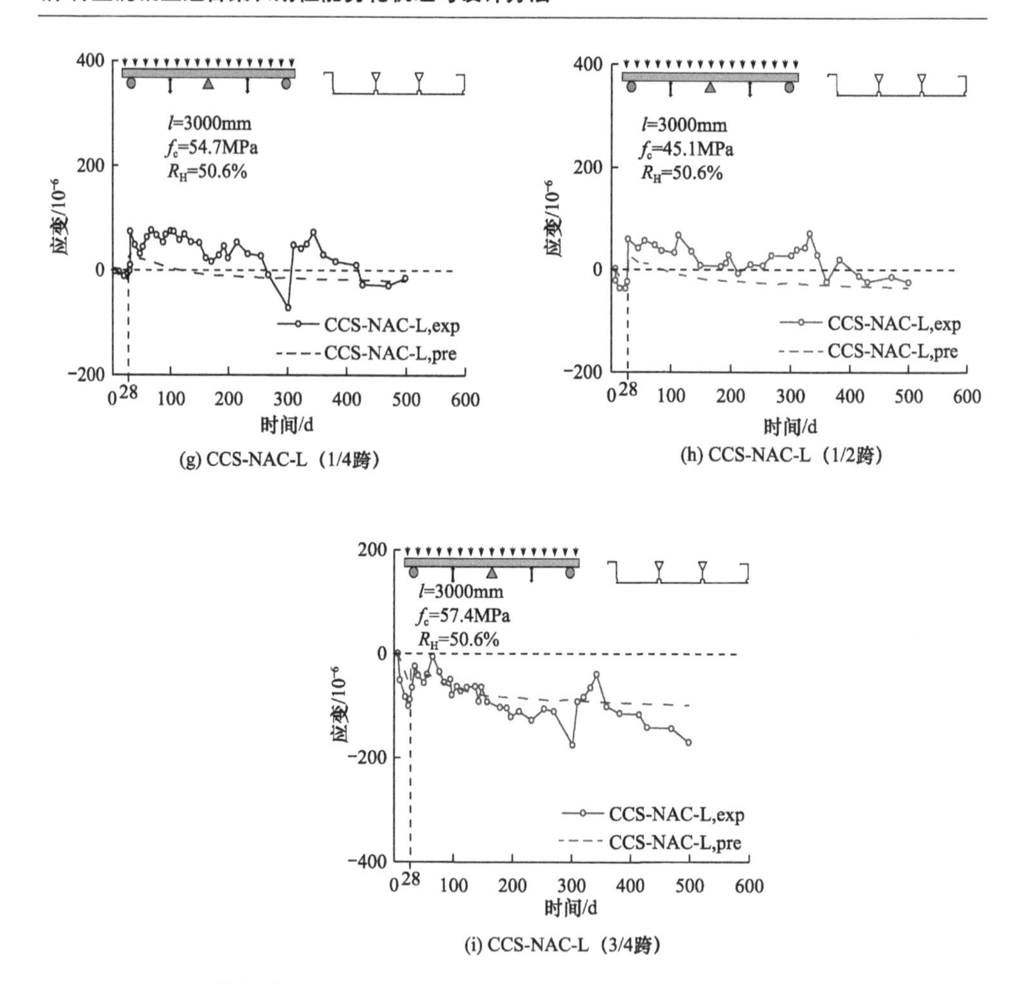

(g) CCS-NAC-L（1/4跨）

(h) CCS-NAC-L（1/2跨）

(i) CCS-NAC-L（3/4跨）

图 2.13　荷载对两跨连续-普通/再生混凝土组合板长期应变影响对比[104]（二）

$$\delta_{cs}=[\xi/(1+50\rho')]\delta_{inst} \tag{2.23}$$

$$\delta_{tot}=\delta_{inst}+\delta_{cs} \tag{2.24}$$

式中 ξ 为长期持荷系数，持荷龄期为 0.5 年、1 年和 5 年时分别采用 1.2、1.4 和 2.0；ρ'为受压区钢筋配筋率；δ_{inst}、δ_{cs}和 δ_{tot}分别为组合板的瞬时挠度、长期收缩徐变引起的附加挠度和长期总挠度。

由于前文大部分试验未给出组合板自重引起的瞬时挠度及对应的徐变挠度，表 2.2 列出了文献［98］和［99］中混凝土各变形组成导致的组合板挠度，包括总挠度 δ_{tot}、瞬时挠度 δ_{inst}、收缩挠度 δ_{sh}和徐变挠度 δ_{cr}。可以发现：(a) 5 个试件的总挠度 δ_{tot}为瞬时挠度 δ_{inst}的 3.54～4.30 倍，远超过中国和欧洲规范的推荐值（小于 2.0），这说明，仅对混凝土弹性模量进行折减，并不能合理预测组合板的长期挠度；(b) 5 个试件由混凝土收缩和徐变引起的长期挠度 δ_{cs}（$\delta_{cs}=\delta_{sh}+\delta_{cr}$）为瞬时挠度 δ_{inst}的 2.54～3.30 倍，而采用美国 ACI 规范预测公式得到的推荐值为 1.30，仅为试验结果的 30.2%～51.1%，这也充分说明需要考虑混凝土长期收缩变形对组合板挠度的影响；（c）再生粗骨料取代率对组合板长期总挠度 δ_{tot} 的影响显著，与普通混凝土组合板相比，取代率为 50%和 100%的再生混凝土组合板挠度增大 21.7%和 38.5%。但不同取代率下，组合板长期挠度 δ_{cs} 与瞬时挠度 δ_{inst} 的比值较为接近（r=0、50%和 100%时，$\delta_{cs}/\delta_{inst}$ 分别为 3.19、3.30 和 3.19）。

混凝土的变形组分引起的组合板挠度　　表 2.2

试件编号	d/mm	L/mm	r/%	δ_{tot}/mm	δ_{inst}/mm	δ_{sh}/mm	δ_{cr}/mm	$\delta_{tot}/\delta_{inst}$	$(\delta_{sh}+\delta_{cr})/\delta_{inst}$	$\delta_{sh}/\delta_{inst}$	$\delta_{cr}/\delta_{inst}$
DW-T-120[99]	120	3000	100	9.75	2.52	6.11	1.12	3.87	2.87	2.42	0.44
DW-T-180[99]	180	3000	100	6.06	1.71	3.58	0.77	3.54	2.54	2.09	0.45
r-0[98]	120	3000	0	6.96	1.66	4.17	1.13	4.19	3.19	2.51	0.68
r-50[98]	120	3000	50	8.47	1.97	5.08	1.42	4.30	3.30	2.58	0.72
r-100[98]	120	3000	100	9.83	2.30	5.95	1.39	4.19	3.19	2.59	0.60

注：δ_{tot}、δ_{inst}、δ_{sh} 和 δ_{cr} 分别表示组合板的总挠度、瞬时挠度、收缩引起的挠度和徐变引起的挠度。

2.4　本章小结

本章基于 ABAQUS 软件，建立了钢-再生混凝土组合板 ABAQUS 模型，模型采用温度场模拟考虑组合板中混凝土的非均匀收缩变形；采用基于龄期调整的有效模量法考虑混凝土的非均匀徐变性能；采用混凝土塑性损伤模型考虑混凝土的开裂影响。将本章有限元模型所得组合板长期性能预测结果与所收集 21 组钢-混凝土组合板足尺试验数据进行对比验证；同时结合现有试验数据，对现有的规范设计方法进行了评述，主要得到如下结论：

（1）本章模型可在多种参数影响下可靠地预测钢-混凝土组合板的长期性能发展，其中钢-普通/再生混凝土组合板在施加外荷载时瞬时挠度预测值与试验值最大相差 20.3%，组合板的长期挠度预测值与试验值最大相差 19.7%。

（2）钢-混凝土组合板的长期挠度会随着再生骨料取代率变大而增加。当再生骨料取代率由 0%增至 50%(100%)时，单跨钢-混凝土组合板的长期挠度增加 18.3%(32.5%)；与之相似，两跨钢-混凝土组合板的再生骨料取代率由 0%增加 100%时，长期挠度增加 40.1%，本章模型较为精准地预测了该变化趋势。

（3）部分现有规范对于组合板中混凝土长期收缩变形的重视程度不足。例如，ACI318 规范所推荐的组合板长期挠度与瞬时挠度比值，与试验表达结果相差较大。因此，需着重考虑混凝土长期收缩变形对组合板挠度的影响。

第 3 章

多跨连续钢-再生混凝土组合板长期性能有限元分析

3.1 引言

实际工程应用中，钢-混凝土组合板一般为多跨连续构件，而现有研究大部分都针对单跨组合板构件展开，因此，有必要针对多跨连续再生混凝土组合板长期性能开展研究。当组合板的跨数超过 5 跨，且各跨截面、跨度和受荷相差不大时，计算时可简化为五等跨钢-混凝土组合板[105]，简化过程详见图 3.1。由于本书有限元模型可有效预测钢-普通（再生）混凝土简支组合板、钢-(普通）再生混凝土两跨组合板长期性能，因此本章拟通过已建有限元技术，建立钢-再生混凝土多跨连续组合板有限元模型，模型中采用温度场模拟混凝土的非均匀收缩变形，基于龄期调整的有效模量法模拟混凝土的徐变变形。通过有限元模拟，研究多跨连续钢-再生混凝土组合板的长期性能，量化不同荷载布置时，再生粗骨料掺入对五跨连续组合板长期性能的影响，对比采用不同收缩徐变模型对钢-再生混凝土多跨连续组合板的长期性能的影响差异。

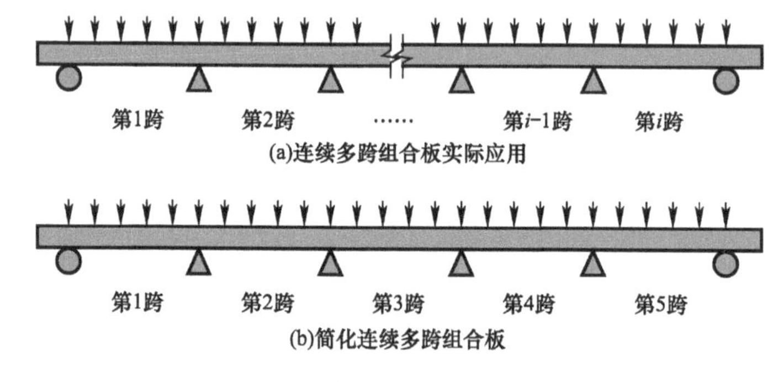

图 3.1 连续多跨组合板的简化设计

多跨连续钢-再生混凝土组合板有限元模型中，钢板选取了三种具有代表性的压型钢板，Condeck HP（闭口型压型钢板）、KF70（开口型压型钢板）和

DW-3-80（钢筋桁架板），连续多跨组合板厚度 d 为 120mm，单跨跨度 l 为 3000mm，组合板顶部设置 4 组直径 16mm 的纵向分布钢筋，压型钢板和钢筋的屈服强度均为 345MPa，弹性模量均为 210GPa；普通和再生混凝土均采用 C30 混凝土，抗压强度标准值为 30MPa，再生粗骨料取代率采用 0%、50%及 100%；环境相对湿度和温度分别为 60%和 20℃；组合板混凝土标准养护 28d 后承担长期荷载作用，持荷时间为 50a，荷载分布参考文献［105］（图 3.2），布置原则：求某跨跨中截面最大正弯矩时，该跨布置活荷载，左右各隔一跨布置；求各支座最大负弯矩时，该支座左右两跨布置活荷载，隔跨布置活荷载。荷载布置 1 和 2 用于确定组合板跨中的峰值挠度，荷载布置 3 和 4 用于确定峰值支座弯矩，荷载布置 5 用于对比分析。

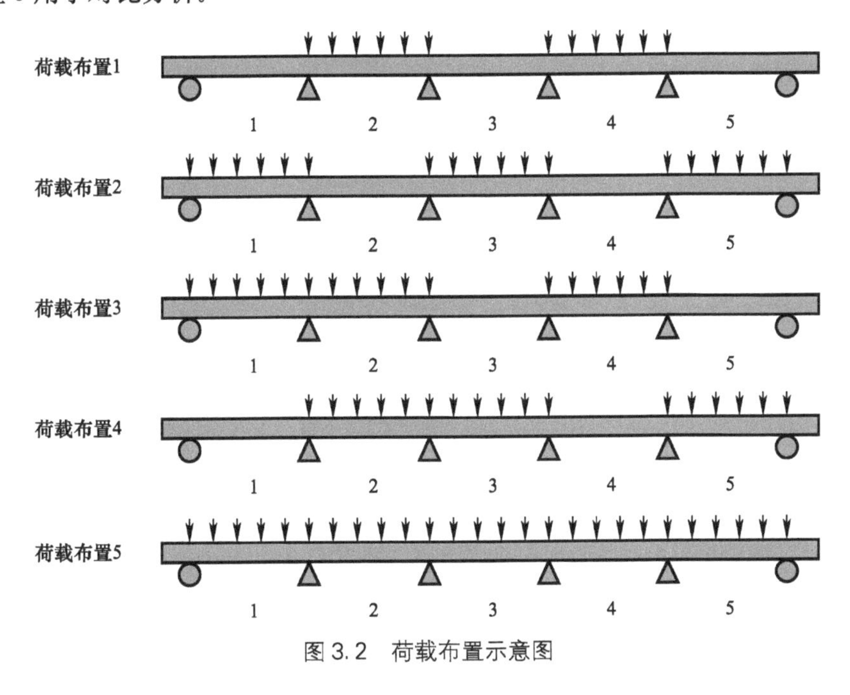

图 3.2　荷载布置示意图

3.2　不同钢板类型对组合板长期性能的影响

3.2.1　不同钢板类型对长期挠度的影响

由于组合板底部钢板的密闭作用，混凝土中水分不能双向传导，导致其产生的收缩应变随着截面厚度分布不均匀，即混凝土发生非均匀收缩。当底部钢板的类型不同时，组合板中混凝土的厚度分布也会发生局部的改变，例如采用闭口型压型钢板，混凝土厚度较为均匀，而开口型压型钢板中存在形状规则的凹槽，导致混凝土的厚度并不统一。基于此，本章通过已建立的考虑混凝土非均匀收缩徐变的多跨连续组合板有限元模型，分别对采用了不同压型钢板种类的五跨连续钢-再生混凝土组合板长期性能进行了模拟对比。模型中底部钢板选取了Condeck HP（闭口型压型钢板）、KF70（开口型压型钢板）和DW-3-80（钢筋桁架板）三种压型钢板，连续多跨组合板厚度d为120mm，单跨跨度l为3000mm，28d承受均布荷载5.0kPa，组合板服役龄期为50a，考虑了不同再生粗骨料取代率（0%、50%和100%）下，采用不同钢板类型对组合板长期挠度的影响。

采用不同钢板类型的多跨连续钢-再生混凝土组合板长期挠度对比结果如图3.3所示。可以发现，采用Condeck HP压型钢板与DW-3-80钢筋桁架板的钢-再生混凝土组合板长期挠度相似，在再生粗骨料取代率r为0%、50%和100%时，50a最大挠度的最大相差分别为10.7%、12.7%和15.5%，两种类型组合板长期性能类似主要是由于两种组合板具有相似的截面刚度。此外，组合板采用KF70压型钢板时会产生更大的挠度，这主要是由于与其他两种钢板相比，开口型压型钢板KF70的刚度较低。

表3.1同时列出了典型服役龄期下组合板的瞬时挠度与长期挠度，可以发现，

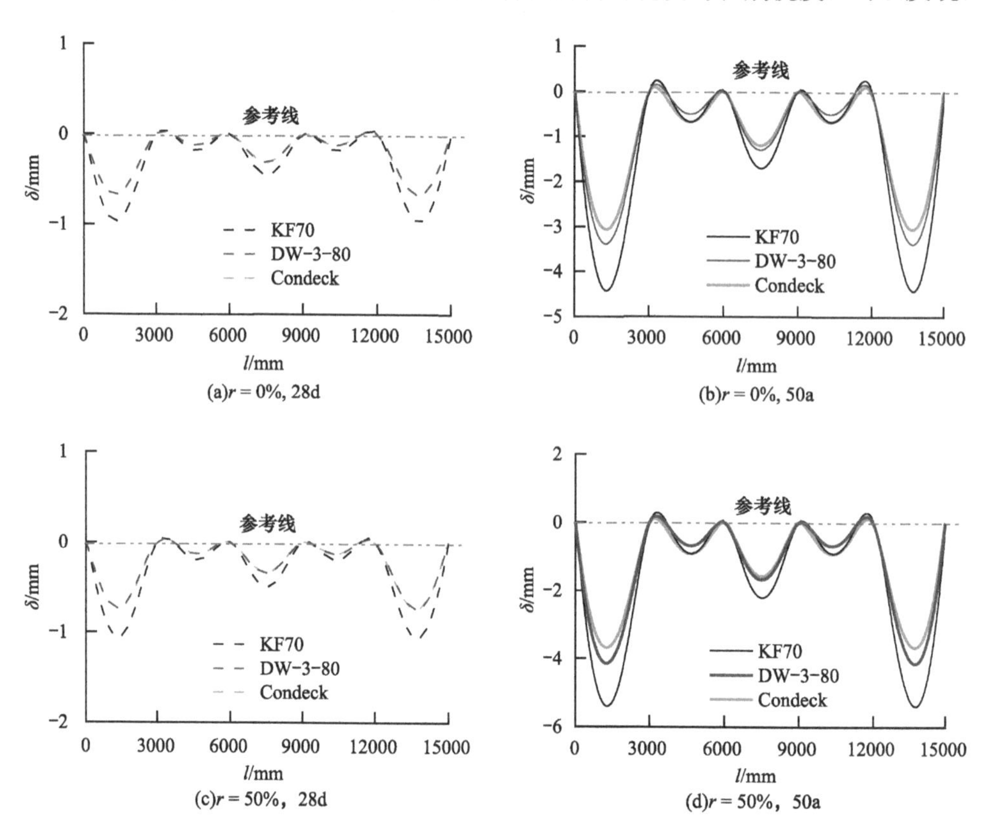

图3.3 钢板类型对组合板长期挠度影响对比（一）

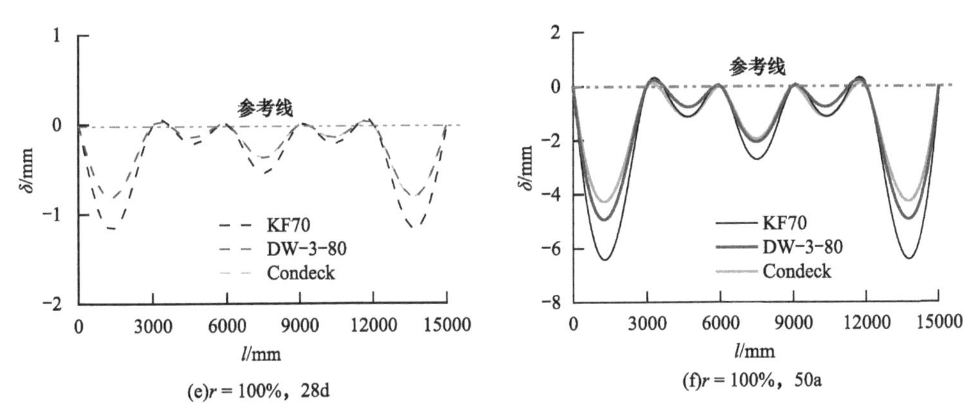

图 3.3　钢板类型对组合板长期挠度影响对比（二）

在外荷载作用下，再生粗骨料取代率 r=0%时，采用 Condeck HP 压型钢板与 DW-3-80 钢筋桁架板的组合板 28d 瞬时挠度相似，分别为 0.67mm 与 0.68mm，采用 KF70 压型钢板的组合板 28d 瞬时挠度有所增加，为 0.97mm；再生粗骨料取代率 r=50%时，采用 Condeck HP 压型钢板与 DW-3-80 钢筋桁架板的组合板 28d 瞬时挠度相似，均为 0.74mm，采用 KF70 压型钢板的组合板 28d 瞬时挠度有所增加，为 1.06mm；再生粗骨料取代率 r=100%时，采用 Condeck HP 压型钢板与 DW-3-80 钢筋桁架板的组合板 28d 瞬时挠度相似，均为 0.82mm，采用 KF70 压型钢板的组合板 28d 瞬时挠度有所增加，为 1.17mm。在外荷载作用下，再生粗骨料取代率 r=0%时，采用 Condeck HP 压型钢板与 DW-3-80 钢筋桁架板的组合板 50a 最大挠度分别为 3.05mm、3.38mm，采用 KF70 压型钢板的组合板 50a 最大挠度有所增加，为 4.42mm；再生粗骨料取代率 r=50%时，采用 Condeck HP 压型钢板与 DW-3-80 钢筋桁架板的组合板 50a 最大挠度分别为 3.67mm、4.13mm，采用 KF70 压型钢板的组合板 50a 最大挠度有所增加，为 5.40mm；再生粗骨料取代率 r=100%时，采用 Condeck HP 压型钢板与 DW-3-80 钢筋桁架板的组合板 50a 最大挠度分别为 4.26mm、4.92mm，采用 KF70 压型钢板的组合板 50a 最大挠度有所增加，为 6.41mm。

不同钢板类型对组合板长期性能的影响　　**表 3.1**

t	r（%）	δ_{max}（mm）			M_{max}（kN·m）		
		Condeck HP	DW-3-80	KF70	Condeck HP	DW-3-80	KF70
28d	0	−0.67	−0.68	−0.97	5.76	5.70	5.68
	50	−0.74	−0.74	−1.06	5.77	5.72	5.70
	100	−0.82	−0.82	−1.17	5.79	5.73	5.71
50a	0	−3.05	−3.38	−4.42	13.37	14.19	12.57
	50	−3.67	−4.13	−5.40	13.93	15.00	13.23
	100	−4.26	−4.92	−6.41	14.47	15.72	13.91

注：δ_{max}为连续组合板中跨中挠度最大值；M_{max}为连续组合板中支座负弯矩最大值。

3.2.2 不同钢板类型对支座负弯矩的影响

同时，本章对采用不同钢板类型的多跨连续钢-再生混凝土组合板支座负弯矩进行了模拟预测，对比结果如图 3.4 所示，组合板选取压型钢板的种类为 KF70（开口型压型钢板）、Condeck HP（闭口型压型钢板）与 DW-3-80

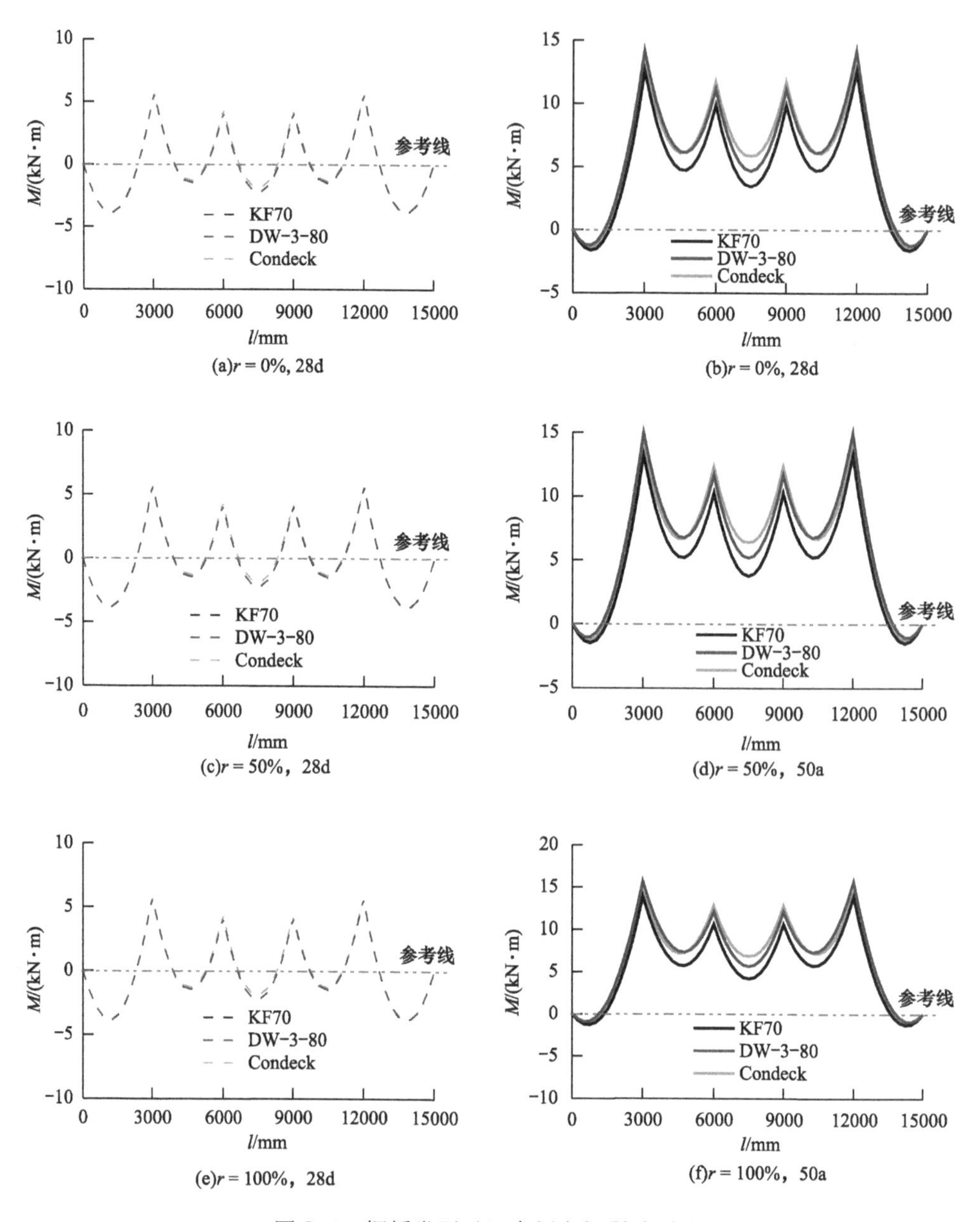

图 3.4 钢板类型对组合板弯矩影响对比

（钢筋桁架板），连续多跨组合板厚度 d 为 120mm，单跨跨度 l 为 3000mm，28d 承受均布荷载 5.0kPa，组合板服役龄期为 50a，考虑了不同再生粗骨料取代率（0%、50%和 100%）下，采用不同钢板类型对组合板支座负弯矩的影响。

通过有限元模型预测组合板支座负弯矩，得到了采用不同钢板类型的多跨连续钢-再生混凝土组合板弯矩图（图 3.4），典型服役龄期下组合板的支座负弯矩在表 3.1 也有列出。模型中底部钢板选取了 Condeck HP（闭口型压型钢板）、KF70（开口型压型钢板）和 DW-3-80（钢筋桁架板）三种类型，连续多跨组合板厚度 d 为 120mm，单跨跨度 l 为 3000mm，28d 承受均布荷载 5.0kPa，组合板服役龄期为 50a，在不同再生粗骨料取代率（0%、50%和 100%）下，考虑了不同钢板类型对组合板支座负弯矩的影响，结合预测结果可以发现，多跨连续组合板采用不同的钢板类型对其最大支座负弯矩的影响是有限的。对于钢-普通混凝土组合板（再生骨料取代率 $r=0\%$）而言，采用 Condeck HP、DW-3-80 和 KF70 三种钢板，多跨连续组合板 28d 最大支座负弯矩分别为 5.76kN・m、5.70kN・m 和 5.68kN・m；对于钢-再生混凝土组合板而言，再生骨料取代率 $r=50\%$时，采用 Condeck HP、DW-3-80 和 KF70 三种钢板，多跨连续组合板 28d 最大支座负弯矩分别为 5.77kN・m、5.72kN・m 和 5.70kN・m；再生骨料取代率 $r=100\%$时，采用 Condeck HP、DW-3-80 和 KF70 三种钢板，多跨连续组合板 28d 最大支座负弯矩分别为 5.79kN・m、5.73kN・m 和 5.71kN・m。可以看出不同钢板类型对多跨连续组合板短期支座负弯矩影响很小。

对于钢-普通混凝土组合板（再生骨料取代率 $r=0\%$）而言，采用 Condeck HP、DW-3-80 和 KF70 三种钢板，多跨连续组合板 50a 最大支座负弯矩分别为 13.37kN・m、14.19kN・m 和 12.57kN・m；对于钢-再生混凝土组合板而言，再生骨料取代率 $r=50\%$时，采用 Condeck HP、DW-3-80 和 KF70 三种钢板，多跨连续组合板 50a 最大支座负弯矩分别为 13.93kN・m、15.00kN・m 和 13.23kN・m；再生骨料取代率 $r=100\%$时，采用 Condeck HP、DW-3-80 和 KF70 三种钢板，多跨连续组合板 50a 最大支座负弯矩分别为 14.47kN・m、15.72kN・m 和 13.91kN・m。以采用 Condeck HP 钢板类型为基准，再生骨料取代率 $r=0\%$时，多跨连续组合板采用 DW-3-80 和 KF70 类型的钢板，组合板 50a 最大支座负弯矩分别变化 6.1%和 6.0%；再生骨料取代率 $r=50\%$时，多跨连续组合板采用 DW-3-80 和 KF70 类型钢板，组合板 50a 最大支座负弯矩分别变化 7.7%和 5.0%；再生骨料取代率 $r=100\%$时，多跨连续组合板采用 DW-3-80P 和 KF70 类型钢板，组合板 50a 最大支座负弯矩分别变化 8.6%和 3.9%。

3.3 不同荷载分布下取代率对多跨连续组合板长期性能的影响

3.3.1 取代率对长期挠度的影响

不同荷载分布下多跨连续钢-再生混凝土组合板长期挠度见图 3.5，组合板选取压型钢板的种类为 KF70（开口型压型钢板），再生粗骨料取代率 r 分别为 0%、50%和 100%，可以发现，在荷载的瞬时及长期作用下，五跨连续组合板的峰值挠度均出现在第一跨。表 3.2 同时列出了典型服役龄期下组合板的长期挠度，可以发现，再生粗骨料的掺入显著增大了钢-再生混凝土组合板挠度，并且组合板挠度随着再生粗骨料取代率增加逐渐增大。由图 3.5 可以看出，均布荷载作用下（荷载布置 5），再生粗骨料取代率 $r=0\%$ 的多跨连续钢-普通混凝土组合板在 28d 的峰值挠度为 0.97mm，r 增大为 50%时，钢-再生混凝土组合板 28d 峰值挠度为 1.06mm，挠度值增大 9.4%；r 增大为 100%时，钢-再生混凝土组合板 28d 峰值挠度为 1.17mm，挠度值增大 20.6%。再生粗骨料取代率 $r=0\%$ 的钢-普通混凝土组合板在 50a 的峰值挠度为 4.43mm，r 增大为 50%时，钢-再生混凝土组合板 50a 峰值挠度为 5.41mm，长期挠度增大 22.1%；r 增大为 100%时，钢-再生混凝土组合板 50a 峰值挠度为 6.42mm，长期挠度增大 45.0%。

当考虑不同荷载布置形式，即荷载布置 1 至荷载布置 4，再生粗骨料取代率 $r=0\%$ 的钢-普通混凝土组合板在 28d 的峰值挠度为 1.17mm，r 增大为 50%时，组合板 28d 峰值挠度为 1.28mm，挠度值增大 9.4%；r 增大为 100%时，组合板 28d 峰值挠度为 1.28mm，挠度值增大 20.1%。再生粗骨料取代率 $r=0\%$ 的钢-普通混凝土组合板在 50a 的峰值挠度为 4.80mm，r 增大为 50%时，组合板 50a 峰值挠度为 5.83mm，长期挠度增大 21.6%；r 增大为 100%时，组合板 50a 峰值挠度为 6.59mm，长期挠度增大 37.4%。

此外，由图 3.5 还可看出，考虑不同荷载分布形式会增大多跨连续组合板的峰值挠度。结合表 3.2，当五跨钢-普通混凝土组合板承受外荷载作用时，考虑非均布荷载的组合板瞬时峰值挠度比均布荷载工况增加 20.6%（峰值挠度由 0.97mm 增加至 1.17mm）；当采用再生粗骨料取代率为 50%的钢-再生混凝土组合板承受外荷载作用时，考虑非均布荷载的组合板瞬时峰值挠度比均布荷载工况增加 20.7%（峰值挠度由 1.06mm 增加至 1.28mm）；当采用再生粗骨料取代率为 100%的钢-再生混凝土组合板承受外荷载作用时，考虑非均布荷载的组合板瞬时峰值挠度比均布荷载工况增加 21.4%（峰值挠度由 1.17mm 增

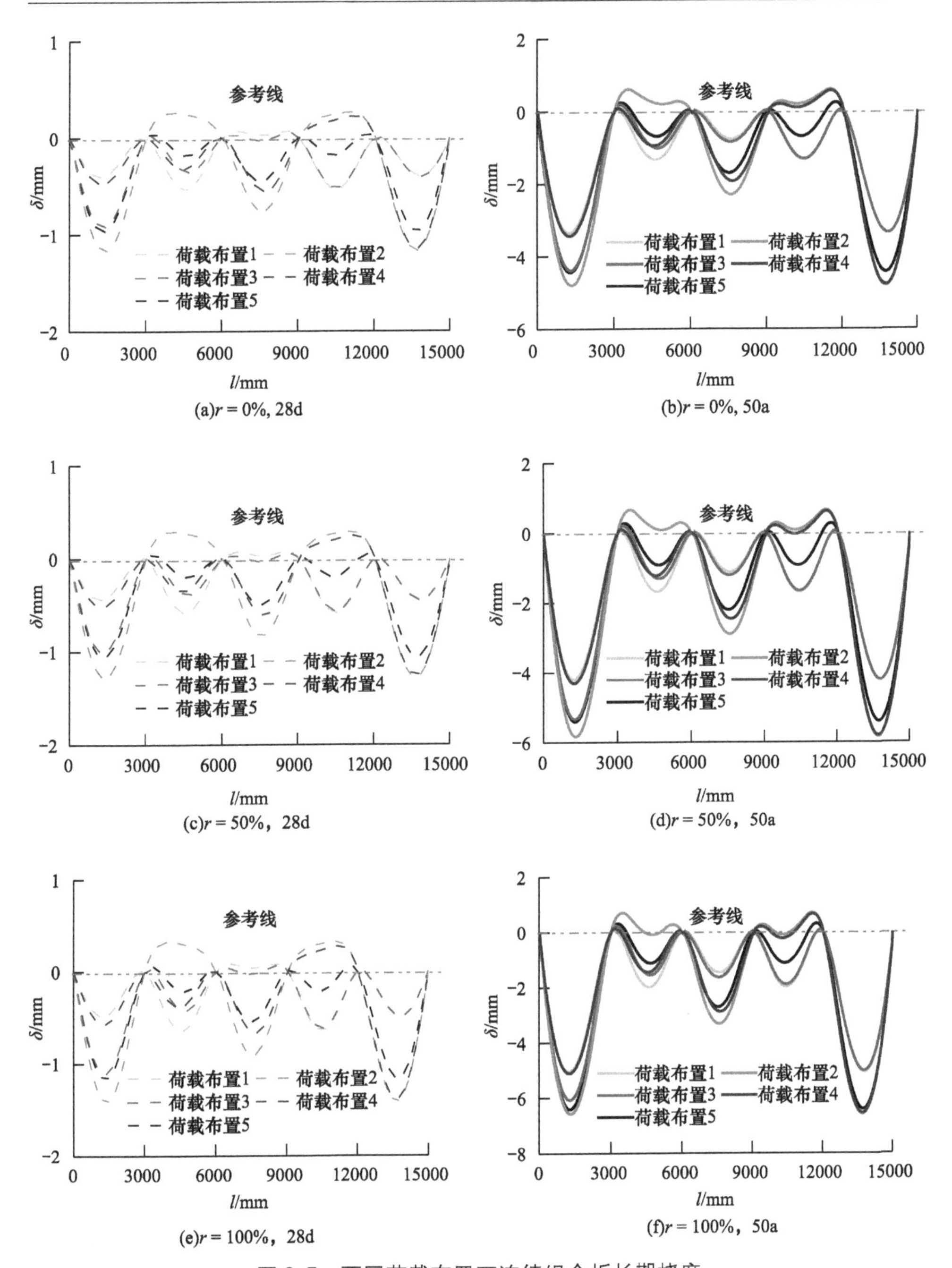

图 3.5 不同荷载布置下连续组合板长期挠度

加至 1.42mm)。但随着服役龄期的增加，考虑非均布荷载的组合板峰值挠度与均布荷载工况峰值挠度的比值会降低，采用再生粗骨料取代率 r 为 0%的组合板承受 50a 长期荷载作用时，考虑非均布荷载的组合板峰值挠度比均布荷载工况增加 8.3%（峰值挠度由 4.43mm 增加至 4.80mm）；采用再生粗骨料取代率 r 为 50%的组合板承受 50a 长期荷载作用时，考虑非均布荷载的组合板峰值挠度比均布荷载工况增加 7.7%（峰值挠度由 5.41mm 增加至 5.83mm）；采用再生粗骨料取代率 r 为 100%的组合板承受 50a 长期荷载作用时，考虑非均布荷载的组合板峰值挠度比均布荷载工况增加 2.6%（峰值挠度由 6.42mm 增加至 6.59mm）。分析认为，组合板收缩挠度 δ_{sh} 在长期总挠度 δ_{tot} 的比重较大（表 3.2），因此随着服役龄期的增加，组合板瞬时挠度 δ_{inst} 及徐变挠度 δ_{cr} 所占的比重逐渐降低。

不同荷载分布时粗骨料取代率对组合板长期性能的影响　　表 3.2

t	r（%）	δ_{max}（mm）		M_{max}（kN·m）	
		均匀布置（增大系数）	不均匀布置（增大系数）	均匀布置（增大系数）	不均匀布置（增大系数）
28d	0	−0.97（1.00）	−1.17（1.00）	5.68（1.00）	6.02（1.00）
	50	−1.06（1.09）	−1.28（1.09）	5.68（1.00）	6.04（1.00）
	100	−1.17（1.21）	−1.42（1.20）	5.68（1.00）	6.05（1.01）
50a	0	−4.43（1.00）	−4.80（1.00）	12.57（1.00）	12.81（1.00）
	50	−5.41（1.22）	−5.83（1.21）	13.23（1.05）	13.49（1.05）
	100	−6.42（1.45）	−6.59（1.37）	13.91（1.10）	14.19（1.11）

注：δ_{max}为连续组合板中跨中挠度最大值；M_{max}为连续组合板中支座负弯矩最大值。

图 3.6 对比了多跨连续钢-再生混凝土组合板长期持荷系数 ξ 有限元结果及基于美国 ACI318 规范计算结果，可以发现，ACI 318 规范显著低估了多跨连续钢-混凝土组合板长期持荷系数 ξ。以持荷 50a 为例，采用 ACI 规范得到的预测结果

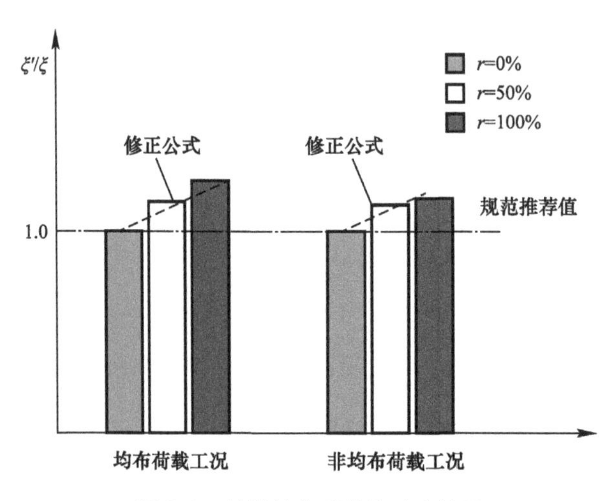

图 3.6　长期持荷系数的对比结果

为2.0，而采用均布荷载的钢-普通混凝土组合板（再生粗骨料取代率$r=0\%$）长期持荷系数为3.57，当再生粗骨料取代率$r=50\%$时，钢-再生混凝土组合板长期持荷系数为4.10，当再生粗骨料取代率$r=100\%$时，钢-再生混凝土组合板长期持荷系数为4.49；采用非均布荷载时，钢-普通混凝土组合板（再生粗骨料取代率$r=0\%$）长期持荷系数为3.10，当再生粗骨料取代率$r=50\%$时，钢-再生混凝土组合板长期持荷系数为3.55，当再生粗骨料取代率$r=100\%$时，钢-再生混凝土组合板长期持荷系数为3.64。基于上述数据，可初步修正钢-再生混凝土组合板长期持荷系数ξ'(式3.1)，得到与钢-普通混凝土组合板长期性能预测精度相似的钢-再生混凝土组合板长期性能预测方法。

$$\xi' = (1 + 0.215 \cdot r)\xi \tag{3.1}$$

3.3.2　取代率对支座负弯矩的影响

本章同时对不同荷载分布下多跨连续钢-再生混凝土组合板长期弯矩进行了有限元模拟预测，如图3.7所示，组合板选取压型钢板的种类为KF70（开口型压型钢板），钢-再生混凝土组合板中混凝土的再生粗骨料取代率r分别为0%、50%和100%。荷载的瞬时及长期作用下，五跨连续钢-再生混凝土组合板的峰值负弯矩均出现在第二个支座处。表3.2也列出了典型服役龄期下多跨连续钢-再生混凝土组合板的长期支座弯矩，可以发现，再生粗骨料取代率r对钢-再生混凝土组合板支座负弯矩的影响有限。

如图3.7所示，当荷载均匀布置时（荷载布置5），再生粗骨料取代率$r=0\%$、50%和100%的五跨钢-再生混凝土组合板28d峰值负弯矩均为5.7kN·m。再生粗骨料取代率$r=0\%$的钢-普通混凝土组合板50a的峰值负弯矩为12.6kN·m；再生粗骨料取代率$r=50\%$的钢-再生混凝土组合板50a的峰值负弯矩为13.2kN·m，支座峰值负弯矩增大5.2%；再生粗骨料取代率$r=100\%$的钢-再生混凝土组合板50a的峰值负弯矩为13.9kN·m，支座峰值负弯矩增大10.7%。当考虑不同荷载布置形式，即荷载布置1至荷载布置4，再生粗骨料取代率$r=0\%$的钢-普通混凝土组合板28d峰值负弯矩分别为6.02kN·m；当再生粗骨料取代率r增大为50%时，钢-再生混凝土组合板28d峰值负弯矩为6.04kN·m，支座峰值负弯矩值增大0.2%；当再生粗骨料取代率r增大为100%时，钢-再生混凝土组合板50a峰值负弯矩为6.05kN·m，支座峰值负弯矩值增大0.5%。再生粗骨料取代率$r=0\%$的钢-普通混凝土组合板在50a的峰值负弯矩为12.8kN·m；当再生粗骨料取代率r增大为50%时，钢-再生混凝土组合板50a的峰值负弯矩为13.5kN·m，支座峰值负弯矩值增大5.3%；当再生粗骨料取代率r增大为100%时，钢-再生混凝土组合板28d峰值负弯矩为14.2kN·m，支座峰值负弯矩值增大10.8%。

此外，由图3.7还可看出，与均布荷载工况相比，考虑非均布荷载时的多跨

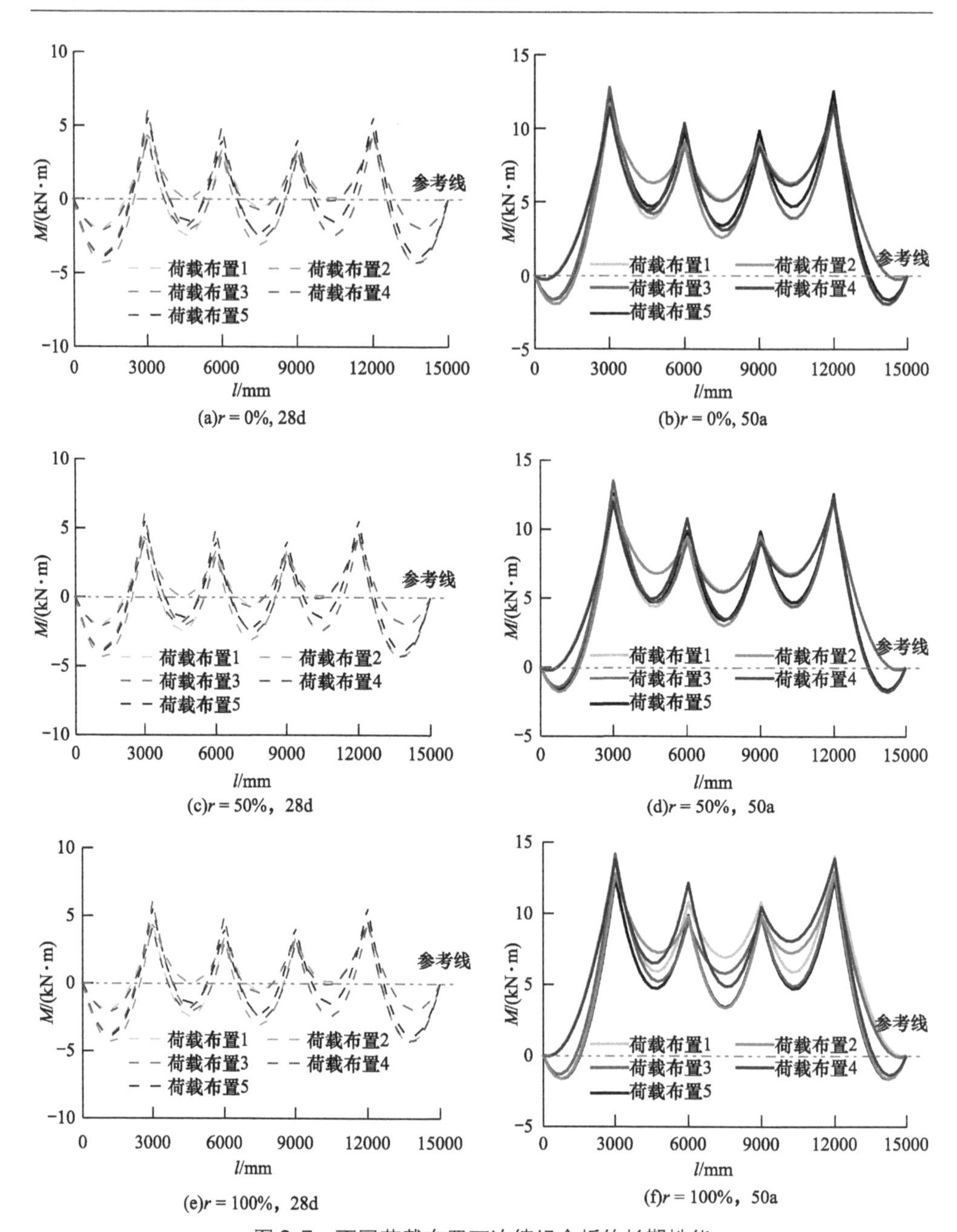

图 3.7　不同荷载布置下连续组合板的长期性能

连续组合板峰值负弯矩增加幅度有限。结合表 3.2，当采用再生粗骨料取代率为 0%的钢-普通混凝土组合板承受外荷载作用时，考虑荷载分布的组合板瞬时峰值负弯矩比均布荷载工况增加 5.99%（峰值弯矩由 5.68kN·m 增加至 6.02kN·m）；当采用再生粗骨料取代率为 50%的钢-再生混凝土组合板承受外荷载作用时，考虑荷载分布的组合板瞬时峰值负弯矩比均布荷载工况增加 6.34%（峰值弯矩由

5.68kN·m增加至6.04kN·m)；当采用再生粗骨料取代率为100%的钢-再生混凝土组合板承受外荷载作用时，考虑荷载分布的组合板瞬时峰值负弯矩比均布荷载工况增加6.51%（峰值挠度由5.68kN·m增加至6.05kN·m)。同组合板长期挠度发展规律一致，随着服役龄期的增加，考虑非均布荷载的组合板峰值弯矩与均布荷载工况峰值弯矩的比值也会降低，采用再生粗骨料取代率r为0%的钢-普通混凝土组合板承受50a长期荷载作用时，考虑荷载分布的组合板瞬时峰值负弯矩比均布荷载工况增加1.91%(峰值挠度由12.57kN·m增加至12.81kN·m)；采用再生粗骨料取代率r为50%的钢-再生混凝土组合板承受50a长期荷载作用时，考虑荷载分布的组合板瞬时峰值负弯矩比均布荷载工况增加1.97%（峰值挠度由13.23kN·m增加至13.49kN·m)；采用再生粗骨料取代率r为100%的钢-再生混凝土组合板承受50a长期荷载作用时，考虑荷载分布的组合板瞬时峰值负弯矩比均布荷载工况增加2.01%（峰值挠度由13.91kN·m增加至14.19kN·m)，原因与挠度分析一致。

3.4　不同收缩徐变模型对组合板长期性能的影响

3.4.1　不同收缩徐变模型对长期挠度的影响

1. 不同收缩徐变模型对KF70组合板长期挠度影响

现有钢筋混凝土规范一般采用混凝土的均匀收缩、徐变模型计算水平构件的长期性能，基于此，本章通过已建立的考虑混凝土非均匀收缩徐变的多跨连续钢-再生混凝土组合板有限元模型，分别对采用了不同混凝土收缩模型（非均匀收缩徐变和均匀收缩徐变）的连续五跨组合板长期性能进行模拟预测，对比结果如图3.8所示，组合板选取压型钢板的种类为KF70（开口型压型钢板)，组合板

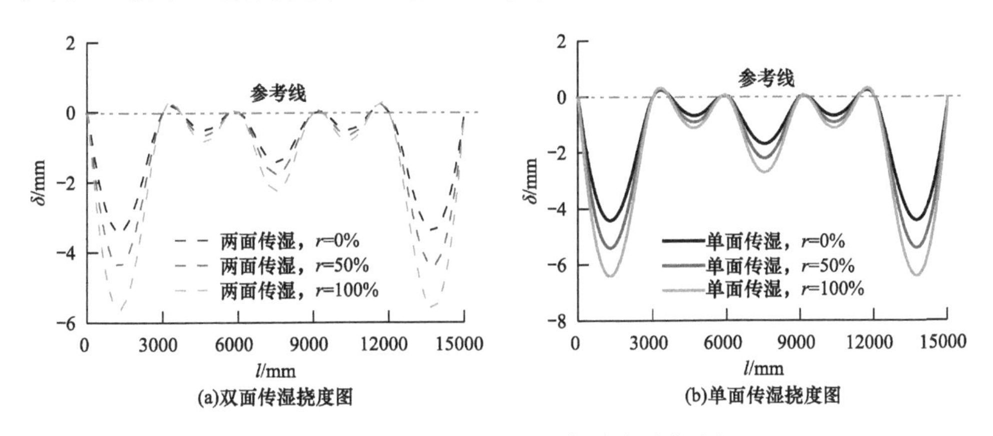

图3.8　收缩类型对组合板长期挠度影响对比

服役龄期为50a，考虑了不同再生粗骨料取代率（0%、50%和100%）下，不同混凝土收缩模型对组合板长期挠度的影响。现有钢筋混凝土规范一般采用均匀收缩模型，混凝土处于两面传湿，收缩沿混凝土厚度方向均匀分布，本章模型中采用非均匀收缩徐变模型，混凝土处于单面传湿，收缩沿混凝土厚度方向非均匀分布。

通过对采用了不同混凝土收缩模型（非均匀收缩徐变和均匀收缩徐变）的五跨组合板长期挠度进行模拟预测，由对比结果（图3.8）可以看出，对于钢-普通混凝土组合板（再生骨料取代率$r=0\%$）而言，采用均匀收缩徐变模型，五跨组合板50a最大挠度为3.40mm，采用非均匀收缩徐变模型，五跨组合板50a最大挠度为4.43mm，采用均匀收缩徐变模型低估了组合板的挠度发展，低估幅度为23.2%；当再生骨料取代率$r=50\%$时，五跨钢-再生混凝土组合板采用均匀收缩徐变模型时，五跨组合板50a最大挠度为4.39mm，采用非均匀收缩徐变模型，五跨组合板50a最大挠度为5.41mm，采用均匀收缩徐变模型低估组合板的挠度发展幅度为18.7%；当再生骨料取代率$r=100\%$时，五跨钢-再生混凝土组合板采用均匀收缩徐变模型时，五跨组合板50a最大挠度为5.63mm，采用非均匀收缩徐变模型，五跨组合板50a最大挠度为6.42mm，采用均匀收缩徐变模型低估组合板的挠度发展幅度为12.3%。

2. 不同收缩徐变模型对Condeck组合板长期挠度影响

同时，本章对采用Condeck HP钢板类型的连续五跨组合板长期性能进行模拟预测，考虑了不同再生粗骨料取代率（0%、50%和100%）下，不同混凝土收缩模型对组合板长期挠度的影响。组合板选取压型钢板的种类为Condeck HP（闭口型压型钢板），其余参数与KF70板型组合板相同，对比结果如图3.9所示。

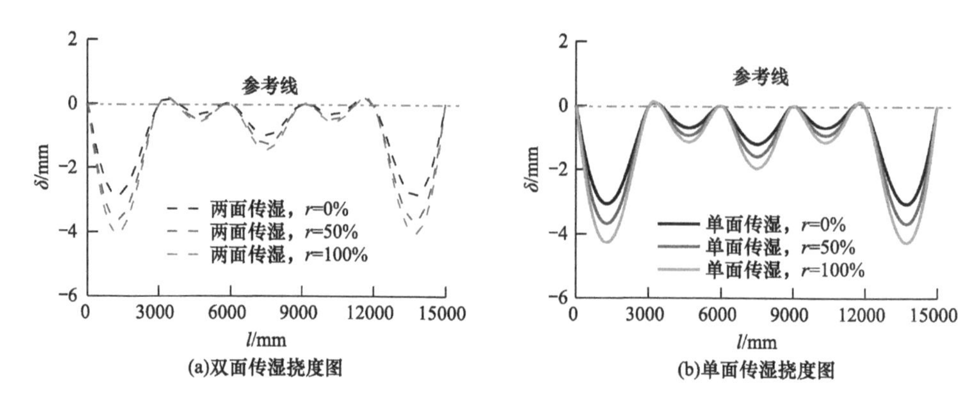

图3.9 收缩类型对组合板长期挠度影响对比

由图3.9可以看出，对于钢-普通混凝土组合板（再生骨料取代率$r=0\%$）

而言，采用均匀收缩徐变模型，五跨组合板 50a 最大挠度为 2.86mm，采用非均匀收缩徐变模型，五跨组合板 50a 最大挠度为 3.06mm，采用均匀收缩徐变模型会低估组合板的挠度发展，低估幅度为 6.6%；当再生骨料取代率 r=50%时，五跨钢-再生混凝土组合板采用均匀收缩徐变模型时，五跨组合板 50a 最大挠度为 3.62mm，采用非均匀收缩徐变模型，五跨组合板 50a 最大挠度为 3.68mm，采用均匀收缩徐变模型低估组合板的挠度发展幅度为 1.4%；当再生骨料取代率 r=100%时，五跨钢-再生混凝土组合板采用均匀收缩徐变模型时，五跨组合板 50a 最大挠度为 4.04mm，采用非均匀收缩徐变模型，五跨组合板 50a 最大挠度为 4.27mm，采用均匀收缩徐变模型低估组合板的挠度发展幅度为 5.3%。

3.4.2　不同收缩徐变模型对支座负弯矩的影响

1. 不同收缩徐变模型对 KF70 组合板支座负弯矩影响

本章对采用了不同混凝土收缩模型（非均匀收缩徐变和均匀收缩徐变）的五跨连续组合板长期弯矩进行了对比，对比结果如图 3.10 所示，组合板选取压型钢板的种类为 KF70（开口型压型钢板），组合板服役龄期为 50a，考虑了不同再生粗骨料取代率（0%、50%和 100%）下，不同混凝土收缩模型对钢-再生混凝土组合板长期弯矩的影响。

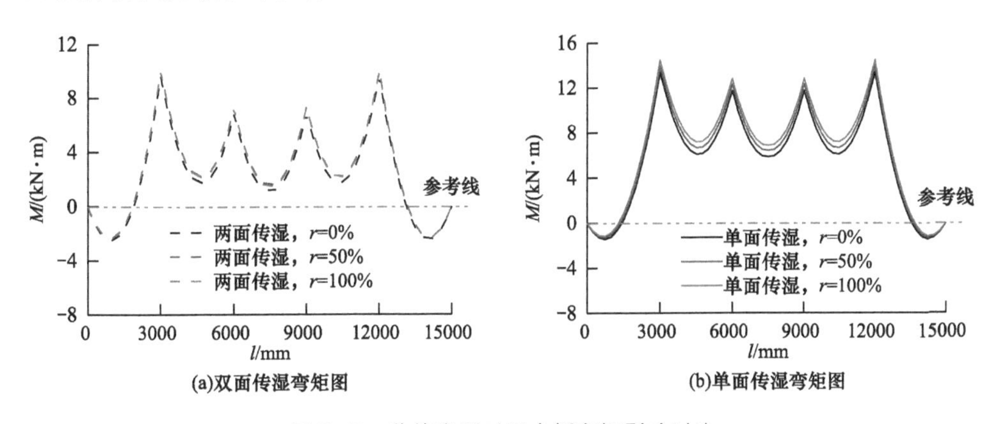

图 3.10　收缩类型对组合板弯矩影响对比

通过对采用了不同混凝土收缩模型（非均匀收缩徐变模型和均匀收缩徐变模型）的五跨连续组合板长期弯矩进行模拟预测，由对比结果图 3.10 可以看出，无论再生骨料取代率为 0%、50%和 100%，采用均匀收缩徐变模型不能提供准确的支座负弯矩。对于钢-普通混凝土组合板（再生骨料取代率 r=0%）而言，采用均匀收缩徐变模型，五跨组合板 50a 最大支座弯矩为 8.7kN·m，采用非均匀收缩徐变模型，最大支座弯矩 12.6kN·m，采用均匀收缩徐变模型会低估组合板的支座负弯矩发展，低估幅度为 30.6%；对于钢-再生混凝土组合板而言，当再生骨料取代率 r=50%时，采用均匀收缩徐变模型，五跨组合板 50a 最大支座弯矩为 9.0kN·m，采用非均匀收缩徐变模型，最大支座弯矩为 13.2kN·m，采用均匀收缩徐变模型会低估组合板的支座负弯矩发展，低估幅度为 32.1%；当再生骨料取代率 r=100%时，采用均匀收缩徐变模型，五跨组合板 50a 最大支座弯矩为 9.0kN·m，采用非均匀收缩徐变模型，最大支座弯矩为 13.9kN·m，采用均匀收缩徐变模型会低估组合板的支座负弯矩发展，低估幅度为 35.4%。

2. 不同收缩徐变模型对 Condeck 组合板支座负弯矩影响

同时，本章对采用 Condeck HP 钢板类型的五跨连续组合板支座负弯矩进行模拟预测，考虑了不同再生粗骨料取代率（0%、50%和 100%）下，不同混凝土收缩徐变模型对组合板支座负弯矩的影响。组合板选取压型钢板的种类为 Condeck HP（闭口型压型钢板），其余参数与 KF70 板型组合板相同，对比结果如图 3.11 所示。

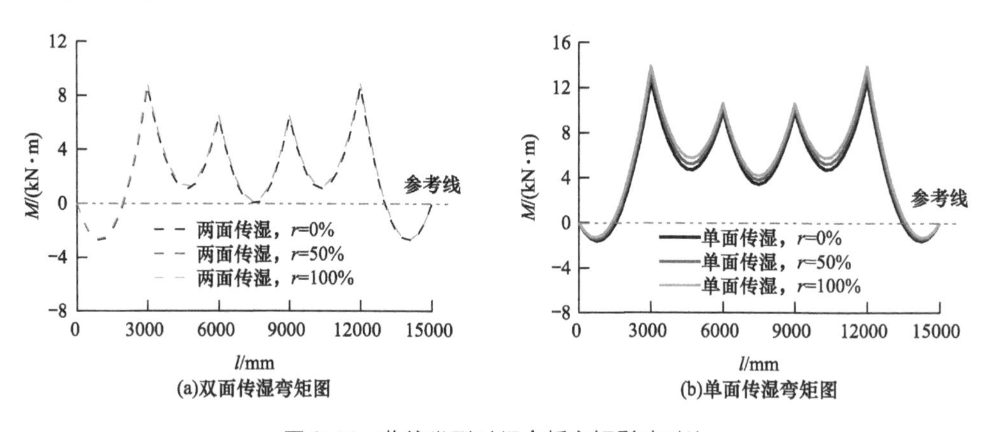

图 3.11 收缩类型对组合板弯矩影响对比

由对比结果（图 3.11）可以看出，对于钢-普通混凝土组合板（再生骨料取代率 r=0%）而言，采用均匀收缩徐变模型，五跨组合板 50a 最大支座弯矩为 9.6kN·m，采用非均匀收缩徐变模型，最大支座弯矩为 13.4kN·m，采用均匀收缩徐变模型会低估组合板的支座负弯矩发展，低估幅度为 28.4%；对于钢-再生混凝土组合板而言，当再生骨料取代率 r=50%时，采用均匀收缩徐变模型，五跨组合板 50a 最大支座弯矩为 10.0kN·m，采用非均匀收缩徐变模型，最大支座弯矩为 13.9kN·m，采用均匀收缩徐变模型会低估组合板的支座负弯矩发展，低估幅度为 27.9%；当再生骨料取代率 r=100%时，采用均匀收缩徐变模型，五跨组合板 50a 最大支座弯矩为 10.0kN·m，采用非均匀收缩徐变模型，最大支座弯矩为 14.5kN·m，采用均匀收缩徐变模型会低估组合板的支座负弯矩发展，低估幅度为 31.2%。

3.5　本章小结

本章基于前文已经建立并通过验证的有限元建模技术，建立了多跨连续钢-再生混凝土组合板有限元模型，有限元模型主要考虑了再生粗骨料取代率（$r=0\%$、$r=50\%$及$r=100\%$）、不同收缩徐变模型（非均匀收缩徐变模型与均匀收缩徐变模型）、荷载的不同布置（荷载布置1-荷载布置5）及不同钢板类型（KF70、Condeck HP与DW-3-80），并对不同参数影响下多跨连续钢-再生混凝土组合板的长期性能进行了预测与对比。基于以上工作，主要得到如下结论：

（1）采用不同钢板类型会影响组合板的长期挠度，主要影响因素为采用不同钢板类型的组合板截面刚度会不同，例如，采用Condeck HP压型钢板与DW-3-80钢筋桁架板的钢-再生混凝土组合板长期挠度相似，在再生粗骨料r为0%、50%和100%时，50a最大挠度的最大相差分别为10.7%、12.7%和15.5%；组合板采用KF70压型钢板时会比采用Condeck HP产生更大的长期挠度，再生粗骨料r分别为0%、50%和100%时，组合板50a最大挠度分别相差44.9%、43.2%与50.5%。但是采用不同钢板类型对组合板支座负弯矩的影响有限，以采用Condeck HP钢板类型为基准，再生粗骨料r分别为0%、50%和100%时，采用DW-3-80和KF70类型的钢板，组合板50a最大支座负弯矩分别变化6.1%和6.0%、7.7%和5.0%、8.6%和3.9%。

（2）再生粗骨料取代率r的增大会增加多跨连续钢-再生混凝土组合板的峰值挠度，当再生粗骨料取代率r为50%时，与钢-普通混凝土组合板相比，28d时组合板峰值挠度增加9.4%，50a时组合板的峰值挠度增加22.1%；当再生粗骨料取代率r为100%时，与钢-普通混凝土组合板相比，28d时组合板峰值挠度增加20.6%，50a时组合板的峰值挠度增加45.0%。同时，再生粗骨料取代率r的增大会增加多跨连续钢-再生混凝土组合板的支座负弯矩，荷载均匀布置时，r增大（50%和100%）对组合板50a支座负弯矩值影响分别为5.2%和10.7%。当采用非均布荷载布置时，r增大（50%和100%）对组合板28d支座负弯矩值影响分别为0.2%和0.5%；r增大（50%和100%）对组合板50a峰值负弯矩值影响分别为5.3%和10.8%。

（3）结合多跨连续钢-再生混凝土组合板长期持荷系数ξ有限元结果，并基于美国ACI318规范，可以发现，ACI318规范显著低估了多跨连续钢-混凝土组合板长期持荷系数ξ，本章在美国ACI318规范提出了适用于钢-再生混凝土组合板长期持荷系数的修正公式，得到与钢-普通混凝土组合板长期性能预测精度相似的钢-再生混凝土组合板长期性能预测方法。

（4）对于钢-普通混凝土组合板而言，采用均匀收缩徐变模型会低估组合板的挠度发展，较采用非均匀收缩徐变模型而言，低估幅度为 23.2％；当 r=50％时，低估幅度为 18.7％；当 r=100％时，低估幅度为 12.3％。由对比结果可以看出，仅考虑混凝土的均匀收缩不足以预测连续组合板的长期挠度。同时，采用均匀收缩徐变模型也不能提供准确的组合板支座负弯矩。对于钢-普通混凝土组合板而言，采用均匀收缩徐变模型，较采用非均匀收缩、徐变模型，组合板支座负弯矩最大低估幅度为 30.6％；当 r=50％时，最大低估幅度为 32.1％；当 r=100％时，最大低估幅度为 35.4％。

第4章

两跨连续钢-再生混凝土组合板长期性能设计方法

4.1 引言

为进一步研究非均匀收缩对多跨连续组合板长期性能的影响，本章拟提出考虑混凝土非均匀收缩影响的多跨组合板长期性能设计方法。基于前文已完成工作，五跨连续组合板长期性能设计方法复杂、计算量大，因此，本章以两跨钢-混凝土组合板为例（图 4.1(a)），提出考虑混凝土非均匀收缩影响的组合板长期性能设计方法。在该设计方法中，混凝土非均匀收缩分布中的均匀收缩分布被简化为附加弯矩 ΔM（图 4.1(b)），混凝土非均匀收缩分布中的梯度收缩简化成梯度温度 Δt（图 4.1(c)），

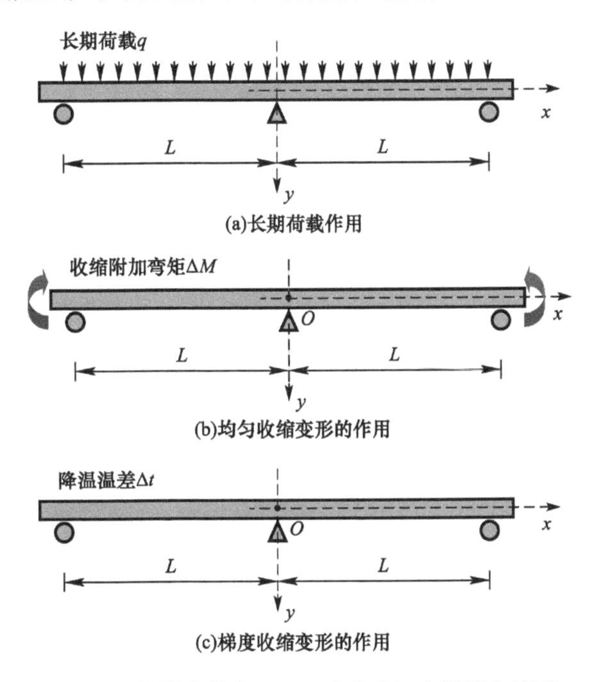

图 4.1　长期荷载作用下两跨连续组合板受力简图

基于弹性设计理论，对两跨连续钢-混凝土组合板的中支座负弯矩、裂缝宽度以及跨中挠度的计算方法进行了理论推导。

具体而言，本章首先对组合板中混凝土长期应力预测方法进行了评述；结合前文采用的非均匀收缩分布形式，得到两跨连续钢-混凝土组合板的中支座负弯矩的计算方法；进而得到支座处裂缝宽度及跨中挠度的计算方法；采用前文引述的两跨连续组合板的长期性能试验数据验证该设计方法的可靠性，同时对比分析采用不同的混凝土收缩分布形式对两跨连续组合板长期性能的影响。

4.2 两跨连续组合板长期性能设计

4.2.1 两跨连续组合板力学模型

1. 组合板长期荷载作用

在正常使用极限状态下，组合板主要承受长期均布荷载 q、徐变变形和收缩变形的共同作用。目前，组合板所承受的荷载及徐变变形的影响一般由采用龄期调整的有效模量法（AAEM）来综合考虑。然而，现有组合板长期性能设计方法中，未考虑到混凝土非均匀收缩的影响。为了改进现有组合板长期性能研究仅考虑混凝土均匀收缩对组合板长期性能的影响，本章将非均匀收缩分成均匀收缩部分和梯度收缩部分（图 4.2），分别进行量化分析。

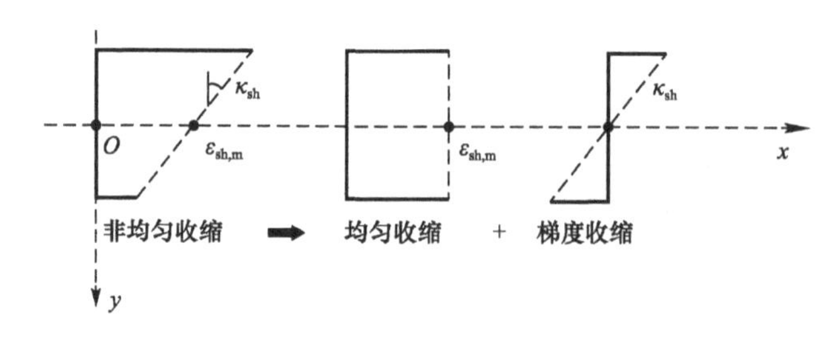

图 4.2 混凝土中非均匀收缩分布组成

在组合板中混凝土发生收缩时，混凝土板整体呈现缩短的趋势，而钢板的存在会抑制混凝土板的缩短，Chien 和 Rithie[107]通过试验测试指出，混凝土均匀收缩的影响可以通过在组合板构件两侧施加一组附加弯矩 ΔM（t，t_s）来模拟（图 4.1(b)）。

$$\Delta M(t,t_s)=E_e(t,t_s)\cdot A_c\cdot\varepsilon_{sh,m}(t,t_s)\cdot y_\Delta \tag{4.1}$$

式中 E_e(t，t_s)——根据龄期调整的混凝土有效模量；

A_c——混凝土的截面面积；

$\varepsilon_{sh,m}$(t，t_s)——参考轴的收缩变形（参考轴为混凝土截面重心轴）；

y_{Δ}——参考轴与组合截面中性轴的距离。

对于梯度收缩的影响，本章通过温度梯度变化进行模拟，将其简化成组合板上下表面存在特定的温差 $\Delta t(t, t_s)$，如图 4.1(c)所示。

$$\Delta t(t,t_s) = [\varepsilon_{sh,b}(t,t_s) - \varepsilon_{sh,t}(t,t_s)]/\alpha \tag{4.2}$$

式中　$\varepsilon_{sh,b}(t, t_s)$——组合板底面的收缩变形；

$\varepsilon_{sh,t}(t, t_s)$——组合板顶面的收缩变形；

α——混凝土的线膨胀系数。

2. 组合板等效刚度 $E_e I_{eq,l}$

本章参考组合楼板设计与施工规范[96]，采用等效刚度的原理考虑混凝土开裂的影响（式 4.3）。

$$I_{eq,l} = \frac{I_{u,l} + I_{c,l}}{2} \tag{4.3}$$

式中　$I_{eq,l}$——长期荷载作用下的平均换算截面惯性矩；

$I_{u,l}$——组合板未开裂截面换算惯性矩；

$I_{c,l}$——组合板开裂截面惯性矩。

对于未开裂截面，截面中和轴距混凝土顶面的距离 y_{cc} 和未开裂截面换算惯性矩 $I_{u,l}$ 如式（4.4）、式（4.5）所示。

$$y_{cc} = \frac{0.5bh_c + \alpha_{E,l}A_a h_0 + b_{l,m}h_s(h - 0.5h_s)b/c_s}{bh_c + 2\alpha_{E,l}A_a + b_{l,m}h_s b/c_s} \tag{4.4}$$

$$I_{u,l} = \frac{bh_c^2}{12} + bh_c(y_{cc} - 0.5h_c)^2 + \alpha_{E,l}I_a + \alpha_{E,l}A_a y_{cs}^2 + \frac{b_{l,m}bh_s}{c_s}\left[\frac{h_s^2}{12} + (h - y_{cc} - 0.5h_s)^2\right] \tag{4.5}$$

对于开裂截面，截面中和轴距混凝土顶面的距离 y_{cc} 和开裂截面换算惯性矩 $I_{c,l}$ 如式（4.6）、式（4.7）所示。

$$y_{cc} = \left[\sqrt{2\rho_a\alpha_{E,l} + (\rho_a\alpha_{E,l})^2} - \rho_a\alpha_{E,l}\right]h_0 \tag{4.6}$$

$$I_{c,l} = \frac{by_{cc}^3}{3} + \alpha_{E,l}A_a y_{cs}^2 + \alpha_{E,l}I_a \tag{4.7}$$

式中　b——组合板的计算宽度；

c_s——压型钢板波距的宽度；

$b_{l,m}$——压型钢板凹槽重心轴处的宽度（缩口型及闭口型取槽口最小宽度）；

h_c——压型钢板上部混凝土的高度；

h_0——组合板的有效截面高度；

y_{cs}——截面中和轴距压型钢板截面重心轴的距离；

$\alpha_{E,s}$——短期荷载作用下钢与混凝土弹性模量的比值；

A_a——计算宽度内组合板中压型钢板的截面面积；

I_a——计算宽度内组合板中压型钢板的截面惯性矩；

ρ_a——计算宽度内组合板中压型钢板的含钢率。

4.2.2 两跨组合板长期性能设计方法

1. 中部支座弯矩

在长期荷载 q、均匀收缩 $\varepsilon_{sh,m}(t, t_s)$和梯度收缩 $\Delta t(t, t_s)$的综合作用下，两跨连续组合板的弯矩图如图 4.3 所示，中支座弯矩 $M_{mid}(t)$可以等效为受外荷载 q、均匀收缩引起的附加弯矩 $\Delta M(t, t_s)$以及上下表面温差 $\Delta t(t, t_s)$三部分影响。

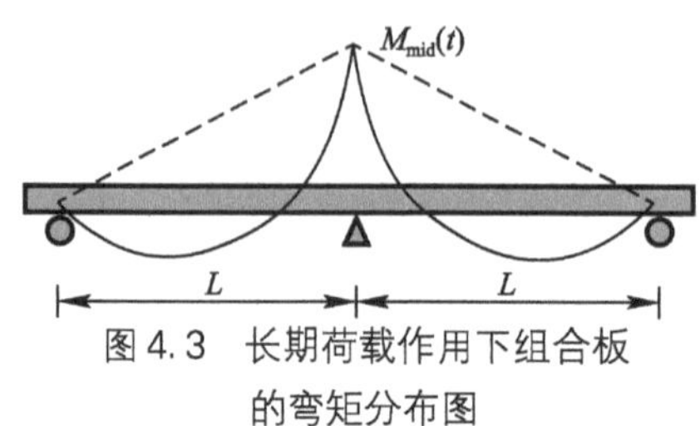

图 4.3 长期荷载作用下组合板的弯矩分布图

基于弹性设计理论，可以得到在长期荷载作用下，考虑均匀收缩和梯度收缩的综合影响，两跨连续组合板中支座负弯矩 $M_{mid}(t)$如公式 4.8 所示。

$$M_{mid}(t)=\frac{qL^2}{8}+\frac{3}{2}\cdot\left[\Delta M(t,t_s)+\frac{E_e(t,t_0)I_{u,1}\cdot\alpha\cdot\Delta t(t,t_s)}{d}\right] \tag{4.8}$$

2. 中支座裂缝宽度

根据《混凝土结构设计规范》GB 50010[97]可得到中支座处的裂缝宽度计算方法如式（4.9)所示。

$$\omega=\alpha_{cr}\psi\frac{\sigma_s}{E_s}\left(1.9c_s+0.08\frac{d_{eq}}{\rho_{te}}\right) \tag{4.9}$$

式中 α_{cr}——构件受力特征系数；

ψ——裂缝间纵向受拉钢筋应变不均匀系数；

σ_s——混凝土构件钢筋应力，根据 M_{mid}计算可得；

c_s——最外层纵向钢筋外边缘至受压区底边的距离；

d_{eq}——受拉区纵向钢筋的等效直径；

ρ_{te}——按有效受拉混凝土截面面积计算的纵向受拉钢筋配筋率。

3. 跨中挠度

基于长期荷载作用下组合板的弯矩分布图（图 4.3）可以得到两跨连续组合板的左右两跨的跨中挠度 $\delta_{mid}(t)$，如式 4.10 所示。

$$\delta_{mid}(t)=\frac{qL^4}{192E_eI_{eq,l}}+\frac{\alpha\Delta t(t,t_s)\cdot L^2}{32d}+\frac{\Delta M(t,t_s)\cdot L^2}{32E_eI_{eq,l}} \tag{4.10}$$

4.2.3 两跨连续组合板长期性能设计方法验证

通过对两跨连续钢-混凝土组合板长期性能的已有试验研究进行查阅汇总，本章所采用的试件参数见表 4.1。具体而言，文献［74］对 3 组开口型压型钢板-混凝土两跨连续组合板进行了 348d 的试验研究，试件跨度和厚度分别为 3350mm 和 150mm，试件的编号分别为 CLT70-0、CLT70-3、CLT70-6，在试验过程中 3 组试件承担的均布荷载分别为 0kPa、3.1kPa、5.6kPa；文献［104］对 3 组闭口型压型钢板-混凝土两跨连续组合板进行了 500d 的试验研究，试件跨度和厚度分别为 3000mm 和 120mm，试件编号分别为 NAC-9（普通混凝土试件）、RAC-9（再生混凝土试件）和 RAC-0（再生混凝土试件），在试验过程中 3 组试件承担的均布荷载分别为 8.8kPa、8.8kPa、0kPa。

两跨连续钢-混凝土组合板长期试验参数　　**表 4.1**

试件编号	L/mm	d/mm	g/kPa	q/kPa	A_c/ mm^2	E_c/ (N/mm^2)	H_a/ mm	A_a/ mm^2	E_a/ (N/mm^2)	I_a/ mm^4
CLT70-0	3350	150	3.0	0	149640	30900	70	1320	203000	700800
CLT70-3	3350	150	3.0	3.1						
CLT70-6	3350	150	3.0	5.6						
NAC-9	3000	120	0	8.8	61200	36400	55	1200	202000	775000
RAC-9	3000	120	0	8.8						
RAC-0	3000	120	0	0		24700				

注：L 和 d 分别为组合板的跨度和厚度；g 和 q 分别为组合板的自重及外荷载；A_c 为组合截面计算宽度内混凝土部分面积；E_c 混凝土 28d 弹性模量；H_a 为压型钢板板肋高；A_a 为组合截面计算宽度压型钢板的面积；E_a 为压型钢板弹性模量；I_a 为组合截面计算宽度内压型钢板截面惯性矩。

图 4.4 给出了文献［74］中 3 个试件在长期荷载作用下的弯矩分布，可以发现，长期试验测量存在一定的离散性。当其他参数一定时，两跨连续组合板中支座的负弯矩本应随外荷载的增加而增大，即在试验所测结果应为 $M_{CLT70\text{-}0}<M_{CLT70\text{-}3}<M_{CLT70\text{-}6}$，但以试件在 348d 的实测数据为例（其余试验天数也有类似情况），其试件的中支座负弯矩分别为 −19.89kN·m，−18.62kN·m 和 −23.56kN·m，这与理想状态存在一定的差异。

1. 两跨连续组合板长期弯矩预测

图 4.4 中同时对比了两跨连续组合板在不同加载龄期时，不同跨度处的弯矩试验值与计算值。其中，利用公式 4.8 得到的试件中支座负弯矩的计算值，式中混凝土的收缩变形系数和徐变系数均通过公式 2.9～2.10 与 2.16～2.18 得到。具体而言，试件 CLT70-3 在承担 3.1kPa 的瞬时外荷载时，试件中支座弯矩试验值为−7.0kN·m，采用本章公式得到的计算值为−5.1kN·m，二者相差 27.8%；试件 CLT70-6 在承担 6.1kPa 的瞬时外荷载时，试件中支座弯矩试验值为−7.7kN·m，采用本章公式得到的计算值为−10.3kN·m，二者相差 24.5%。这主要是因为本章中的计算公式采用弹性设计理论，不能考虑不同荷载等级下混凝土开裂程度的影响。需要指出，当外荷载达到常用的正常使用荷载时，可以得到比较理想的对比结果。例如，当试件承担 8.6kPa 的瞬时外荷载时，试件中支座弯矩试验值和计算值分别为−13.4kN·m 和−14.5kN·m，二者仅相差 8.2%。

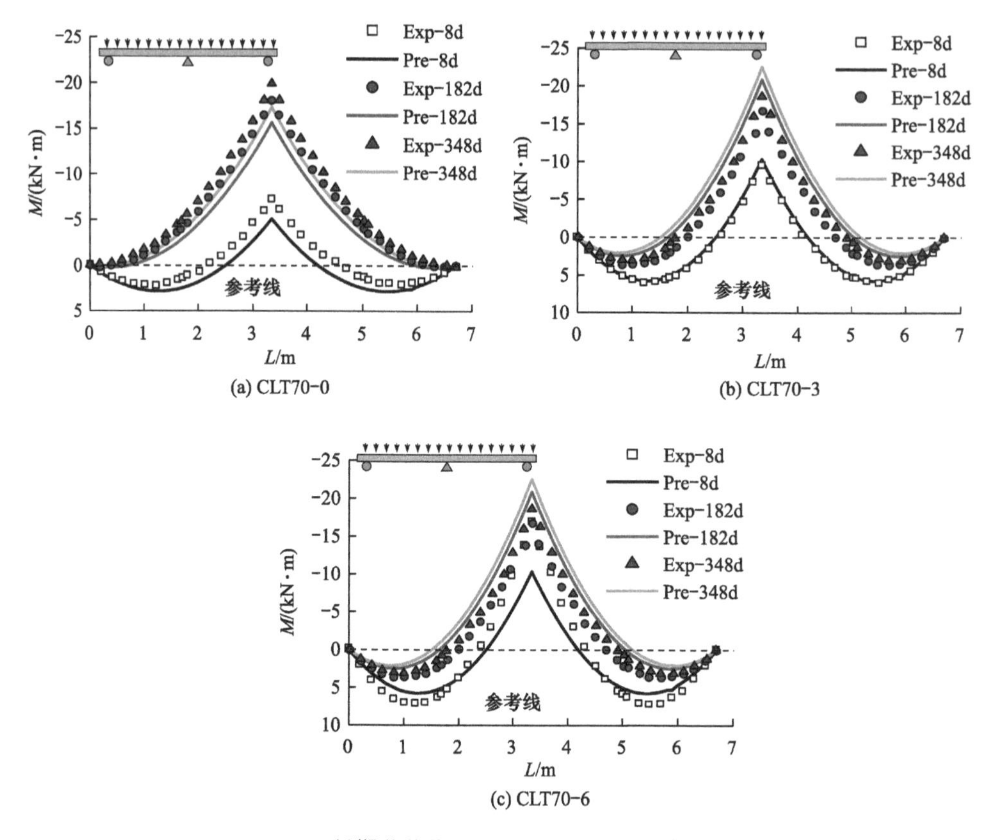

图 4.4 长期荷载作用下两跨连续组合板的弯矩图

当施加长期荷载作用时，对于试件 CLT70-0（图 4.4(a)），182d 和 384d 中支座负弯矩计算值与实测值分别相差 13.2%和 12.8%；对于试件 CLT70-3（图 4.4(b)），182d 和384d 中支座负弯矩计算值与实测值分别相差 20.9%和 21.1%；对于试件 CLT70-6（图 4.4(c)），182d 和 384d 中支座负弯矩计算值与实测值分别相差 19.0%和 13.6%，预测精度均符合预期。

2. 两跨连续组合板长期裂缝宽度预测

图 4.5 对比了文献［104］中 3 个试件在不同龄期时的裂缝宽度试验值与计算值，其中试件 NAC-9 与 RAC-9 承担 8.8kPa 外荷载和混凝土时效变形（收缩和徐变）的作用，RAC-0 仅承担收缩变形的作用。可以发现，所有试件的中支座裂缝宽度随加载龄期不断增大，承担 8.8kPa 外荷载的 NAC-9 和 RAC-9 的 500d 裂缝宽度分别为 28d 瞬时加载裂缝宽度的 2.18 和 2.92 倍；试件 RAC-0 在收缩变形作用下，500d 裂缝宽度为 28d 裂缝宽度的 2.14 倍。这主要是因为，在混凝土时效变形影响下，组合板中支座负弯矩不断增大，进而导致裂缝宽度不断增加。

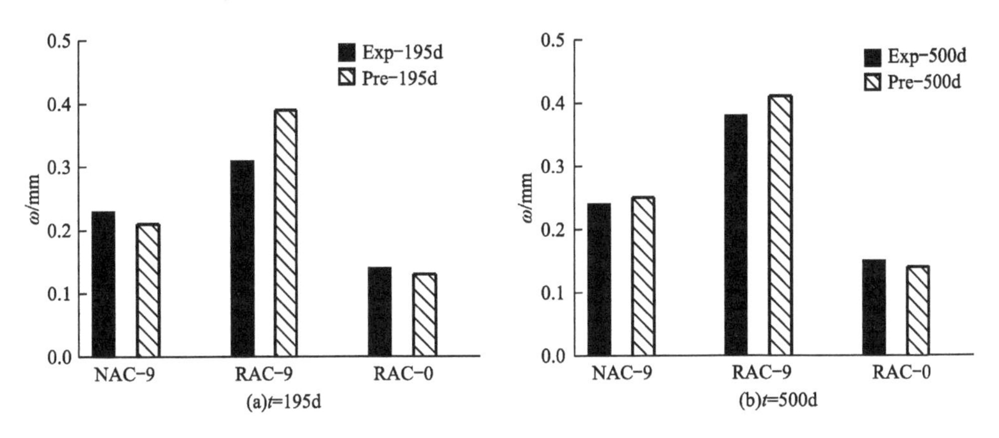

图 4.5 长期荷载作用下两跨连续组合板的裂缝宽度

采用本章公式可以有效预测两跨连续组合板长期裂缝宽度，试件 NAC-9 在 195d 和 500d 的裂缝宽度计算值分别为 0.21mm 和 0.25mm，与试验值分别相差 8.7%和 4.2%；试件 RAC-9 在 195d 和 500d 的裂缝宽度计算值分别为 0.39mm 和 0.41mm，与试验值分别相差 20.5%和 7.9%；试件 RAC-0 在 195d 和 500d 的裂缝宽度分别为 0.13mm 和 0.14mm，与试验值分别相差 7.1%和 6.7%。

3. 两跨连续组合板长期挠度预测

图 4.6 对比了文献［74］中 3 个试件 348d 跨中挠度（图 4.6(a)）和文献［16］中 3 个试件的 500d 跨中挠度（图 4.6(b)）的公式计算值以及试验值。可以发现，本章公式可以有效预测在均布荷载作用下，两跨连续组合板的长期挠度发展。如图 4.6(a)所示，对于试件 CLT70-0，348d 组合板跨中的挠度试验值及有限元值分别为－2.09mm 和－2.20mm，由本章公式预测结果为－2.12mm，与试验结果和有限元结果分别相差 1.41%和 3.78%；对于试件 CLT70-3，在 8-348d 承受均布荷载 3.1kPa 时，组合板跨中的长期挠度试验值和有限元值分别为－3.21mm 和－3.31mm，由本章公式预测结果为－3.17mm，与试验结果和有限元结果分别相差 1.26%和 4.41%；对于试件 CLT70-6，在 8-348d 承受均布荷载 5.6kPa 时，组合板跨中的长期挠度试验值及有限元值分别为－4.83mm 和－3.92mm，由本章公式预测结果为－4.00mm，与试验结果和有限元结果分别相差 20.75%和 2.00%。对于 CLT70-6 试件，试验结果与计算结果的较大差异主要是因为，试验的早期挠度增加异常，这在文献［74］、［104］也得到相似的结果。

如图 4.6(b)所示，对于采用普通混凝土的组合板试件 NAC-9 在承担 8.8kPa 均布荷载时，500d 的跨中挠度试验值及有限元值分别为－4.89mm 和－4.63mm，由本章公式预测结果为－4.58mm，计算结果与试验结果和有限元结果分别相差 6.33%和 1.08%；对于采用再生混凝土的组合板试件 RAC-9

在承担 8.8kPa 均布荷载时，500d 的跨中挠度试验值及有限元值分别为 −6.89mm 和 −6.10mm，由本章文公式预测结果为 −7.07mm，计算结果与试验结果和有限元结果分别相差 2.54%和 13.7%；对于采用再生混凝土的组合板试件 RAC-0 不承受外荷载时，500d 的跨中挠度试验值及有限元值分别为 −3.40mm 和 −3.60mm，由本章公式预测结果为 −2.08mm，与试验结果和有限元结果分别相差 38.8%和 42.2%。对于承担外荷载的试件模拟结果明显优于无外荷载的试件模拟结果，这是因为，本章提出的计算公式采用等效刚度的原理考虑混凝土开裂的影响，更加适用于正常使用阶段荷载作用下的组合板长期性能预测。

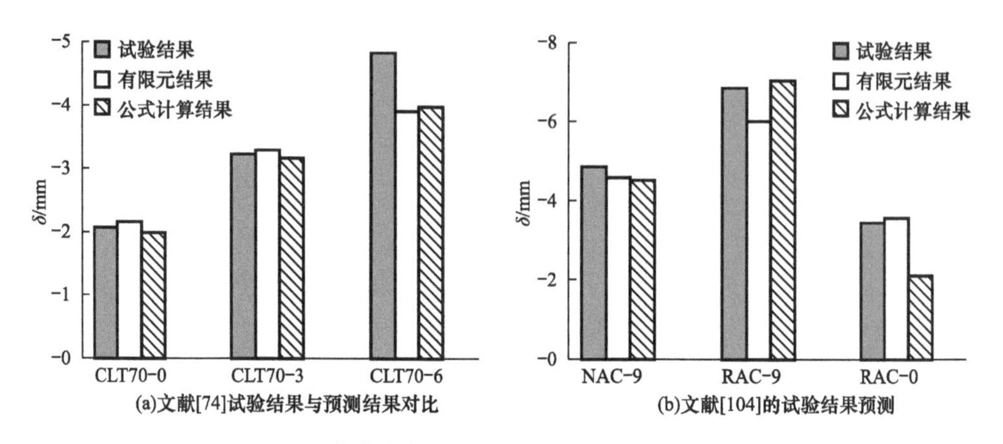

图 4.6 长期荷载作用下两跨连续组合板的挠度图

4. 考虑不同收缩分布的两跨组合板长期性能预测

现有钢-混凝土组合结构规范一般沿用钢筋混凝土规范的收缩模型（采用均匀收缩模型）或不考虑收缩变形的模型，因此，本章对采用上述两种收缩分布得到的两跨连续组合板的中支座负弯矩、中支座裂缝宽度和跨中挠度进行了对比，结果分别见表 4.2 至表 4.4。可以发现，不考虑收缩或者考虑均匀收缩时，本章计算公式显著低估两跨连续组合板的长期性能。具体而言，当不考虑收缩分布时，试件中支座负弯矩计算结果与试验结果的比值介于 0.254～0.687，计算结果/试验结果的均值为 0.500（即平均低估幅度为 50.0%）；试件的中支座裂缝宽度计算结果与试验结果的比值介于 0.000～0.512，计算结果/试验结果的均值为 0.287（即平均低估幅度为 71.3%）；试件的跨中挠度计算结果与试验结果的比值介于 0.483～0.772，计算结果/试验结果的均值为 0.539（即平均低估幅度 46.1%）。

当考虑均匀收缩分布时，试件的中支座负弯矩计算结果与试验结果的比值介于 0.521～0.899，计算结果/试验结果的均值为 0.751（平均低估幅度为 24.9%）；试件的中支座负弯矩裂缝宽度计算结果与试验结果的比值介于 0.200～0.609，计算结果/试验结果的均值为 0.414（平均低估幅度为 58.6%）；试件的跨中挠度计算结果与试验结果的比值介于 0.140-0.909，计算结果/试验结果的均值为 0.655（平均低估幅度为 34.5%）。

采用不同收缩模型的中支座负弯矩计算值与实测值的对比结果　　表 4.2

试件编号	试验时间/d	试验值 M_{exp}/(kN·m)	预测结果/(kN·m)			预测结果/试验结果		
			考虑非均匀收缩 $M_{cal,sg}$	考虑均匀收缩 $M_{cal,con}$	不考虑收缩 $M_{cal,non}$	$M_{cal,sg}/M_{exp}$	$M_{cal,con}/M_{exp}$	$M_{cal,non}/M_{exp}$
CLT70-0	182	−18.03	−15.66	−9.53	−5.05	0.869	0.529	0.280
	348	−19.89	−17.34	−10.36	−5.05	0.872	0.521	0.254
CLT70-3	182	−16.71	−20.88	−14.75	−10.27	1.250	0.883	0.615
	348	−18.62	−22.56	−15.58	−10.27	1.212	0.837	0.552
CLT70-6	182	−21.07	−25.08	−18.95	−14.47	1.190	0.899	0.687
	348	−23.56	−26.76	−19.78	−14.47	1.136	0.840	0.614
均值						1.088	0.751	0.500
标准差						0.173	0.177	0.186

采用不同收缩模型的中支座裂缝宽度计算值与实测值的对比结果　　表 4.3

试件编号	试验时间/d	试验值 ω_{exp}/(mm)	预测结果/(mm)			预测结果/试验结果		
			考虑非均匀收缩 $\omega_{cal,sg}$	考虑均匀收缩 $\omega_{cal,con}$	不考虑收缩 $\omega_{cal,non}$	$\omega_{cal,sg}/M_{exp}$	$\omega_{cal,con}/M_{exp}$	$\omega_{cal,non}/M_{exp}$
NAC-9	195	0.23	0.21	0.14	0.12	0.913	0.609	0.522
	500	0.24	0.25	0.14	0.12	1.042	0.583	0.500
RAC-9	195	0.31	0.39	0.15	0.12	1.258	0.484	0.387
	500	0.38	0.41	0.15	0.12	1.079	0.395	0.316
RAC-0	195	0.14	0.13	0.03	0	0.929	0.214	0.000
	500	0.15	0.14	0.03	0	0.933	0.200	0.000
均值						1.026	0.414	0.287
标准差						0.132	0.177	0.235

采用不同收缩模型的跨中挠度计算值与实测值的对比结果　　表 4.4

试件编号	试验时间/d	试验值 δ_{exp}/(mm)	有限元 δ_{pre}/(mm)	预测结果/(mm)			预测结果/试验结果		
				考虑非均匀收缩 $\delta_{cal,sg}$	考虑均匀收缩 $\delta_{cal,con}$	不考虑收缩 $\delta_{cal,non}$	$\delta_{cal,sg}/\delta_{exp}$	$\delta_{cal,con}/\delta_{exp}$	$\delta_{cal,non}/\delta_{exp}$
CLT70-0	182	−1.69	−1.98	−1.89	−1.31	−0.96	1.118	0.775	0.568
	348	−2.09	−2.20	−2.12	−1.42	−1.01	1.014	0.679	0.483
CLT70-3	182	−2.54	−2.81	−2.89	−2.31	−1.96	1.138	0.909	0.772
	348	−3.21	−3.31	−3.17	−2.47	−2.05	0.988	0.769	0.639
CLT70-6	182	−4.10	−3.38	−3.70	−3.11	−2.76	0.902	0.759	0.673
	348	−4.83	−3.92	−4.00	−3.31	−2.90	0.828	0.685	0.600

续表

试件编号	试验时间/d	试验值 δ_{exp}/(mm)	有限元 δ_{pre}/(mm)	预测结果/(mm)			预测结果/试验结果		
				考虑非均匀收缩 $\delta_{cal,sg}$	考虑均匀收缩 $\delta_{cal,con}$	不考虑收缩 $\delta_{cal,non}$	$\delta_{cal,sg}/\delta_{exp}$	$\delta_{cal,con}/\delta_{exp}$	$\delta_{cal,non}/\delta_{exp}$
NAC-9	195	−4.51	−4.00	−4.19	−3.13	−2.84	0.929	0.694	0.630
	500	−4.89	−4.63	−4.58	−3.37	−3.06	0.937	0.689	0.626
RAC-9	195	−6.12	−5.40	−6.36	−4.98	−4.57	1.039	0.814	0.747
	500	−6.89	−6.10	−7.07	−5.50	−5.00	1.026	0.798	0.726
RAC-0	195	−3.00	−3.11	−1.79	−0.42	0	0.597	0.140	0.000
	500	−3.40	−3.60	−2.08	−0.51	0	0.612	0.150	0.000
均值							0.927	0.655	0.539
标准差							0.174	0.247	0.264

若将组合板的非均匀收缩认为由均匀收缩和梯度收缩组成（图 4.2），结合表 4.2 至表 4.4预测结果，可以得到均匀收缩对组合板中支座负弯矩、裂缝宽度和跨中挠度的影响比重分别为 25.1%、12.7%和 11.6%，梯度收缩对组合板中支座负弯矩、裂缝宽度和跨中挠度的影响比重分别为 33.7%、61.2%和 38.8%，梯度收缩的影响更显著，工程设计中不应该忽略梯度收缩的影响。

4.3 本章小结

本章以两跨钢-混凝土组合板为例，提出考虑混凝土非均匀收缩影响的组合板长期性能的设计方法。在该设计方法中，混凝土非均匀收缩分布中的均匀收缩分布被简化为附加弯矩 ΔM，混凝土非均匀收缩分布中的梯度收缩简化成梯度温度 Δt，基于弹性设计理论，对两跨连续钢-混凝土组合板的中支座负弯矩、裂缝宽度以及跨中挠度的计算方法进行了理论推导；采用前文已引述的两跨连续组合板的长期性能试验数据验证该设计方法的可靠性；对比分析采用不同的混凝土收缩分布形式（非均匀收缩、均匀收缩、不收缩）对两跨连续组合板长期性能的影响。基于以上工作，主要得到如下结论：

（1）本章基于龄期调整的有效模量法、考虑混凝土非均匀收缩影响，提出的两跨连续组合板长期性能设计方法，可有效预测组合板的长期弯矩分布、中支座裂缝宽度和跨中挠度。中支座的负弯矩、裂缝宽度和跨中挠度的预测值/试验值的均值为 1.088、1.026 和 0.927，标准差分别为 0.173、0.132 和 0.174。

（2）组合板长期收缩变形可认为由均匀收缩和梯度收缩组成，其中梯度收缩对组合板中支座负弯矩、裂缝宽度和跨中挠度的影响比均匀收缩的影响更加显著。

（3）不考虑收缩或者仅考虑均匀收缩的影响时，不能有效预测两跨连续组合板长期性能。不考虑收缩变形时，组合板中支座负弯矩、裂缝宽度和跨中挠度的预测值与试验值平均相差 50.0％、71.3％和 46.1％；考虑均匀收缩时，组合板中支座负弯矩、裂缝宽度和跨中挠度的预测值与试验值平均相差 24.9％、58.6％与 34.5％。

第5章

钢-再生混凝土组合梁有限元模型的建立与验证

5.1 引言

由于钢-混凝土组合梁足尺试件长期性能试验耗时久、成本高、需要大型加载设备，近年来，随着计算机性能的不断提升，对组合梁进行有限元分析成为一种可替代试验、经济性高的研究方法。本章利用 ABAQUS 有限元软件，建立热-力耦合的钢-混凝土组合梁有限元模型。典型的钢-混凝土组合梁主要由混凝土板、压型钢板、钢筋、抗剪连接件、钢梁等部件组成（图 5.1）。国内外学者对钢-混凝土组合梁的短期/长期性能进行了一定量的试验研究，丰富的试验数据为有限元模型的验证奠定了基础。如图 5.2 所示，组合梁时效性能由瞬时加载性能（阶段 1）及长期荷载作用下的性能（阶段 2）组成。基于此，本章基于国内外 20 组钢-普通/再生混凝土组合梁时效性能足尺试验及 3 组推出试验，建立考虑混凝土开裂、收缩、徐变、界面相对滑移的有限元模型。其中，参数包括组合梁楼板形式、楼板板厚、钢梁型号、再生粗骨料取代率等。将有限元分析结果与试验结果进行对比，验证有限元模型的可靠性。本章 5.3.1 和 5.3.3 分别为组合梁长期荷

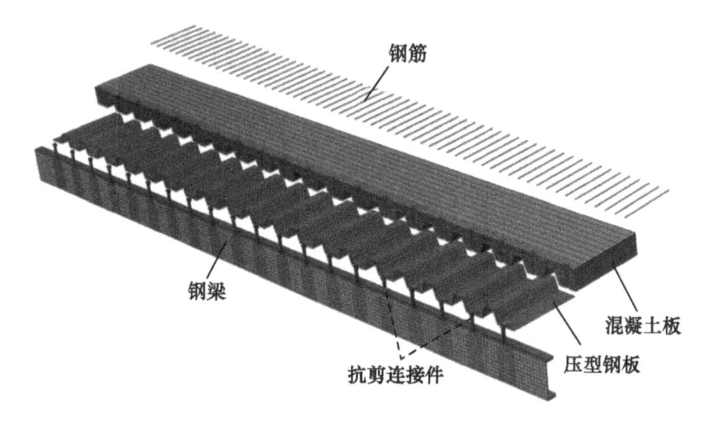

图 5.1　典型钢-混凝土组合梁有限元模型（半模型）

载作用下响应（阶段 2）与瞬时荷载作用下响应（阶段 1）的验证。由于组合梁的抗剪连接件是保证楼板与钢梁协同工作的关键部件，因此本章 5.3.2 和 5.3.4 分别对组合梁长期荷载和短期荷载下的推出试验进行模拟，以验证组合梁连接件的滑移性能。需要说明，由于目前尚无钢-再生混凝土组合梁长期性能的试验研究，因此本章基于钢-普通混凝土组合梁长期性能试验进行有限元模型的可靠性验证。

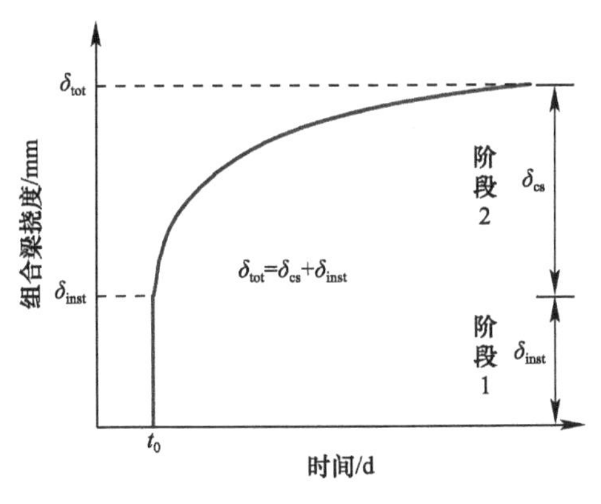

图 5.2　组合梁时效性能

5.2　钢-再生混凝土组合梁有限元模型的建立

5.2.1　材料力学模型

1. 混凝土

本章采用混凝土塑性损伤模型（Concrete Damaged Plasticity），考虑混凝土在拉力作用下开裂破坏及压力作用下压碎破坏，其中定义混凝土塑性损伤模型的主要参数包括混凝土的膨胀角（ψ）、流动势偏度（e）、初始等效双轴抗压屈服应力与初始单轴抗压屈服应力的比值（f_{b0}/f_{c0}）、受拉子午线与受压子午线常应力的比值（K_c）、黏滞参数（u）、混凝土的受拉及受压的应力-应变曲线。其中，ψ 应小于混凝土的摩擦角，取值范围为 30°～45°[108]，本章中采用 35°；e 定义了双曲流动势曲线靠近其渐近线时的比率，取默认值 0.1；f_{b0}/f_{c0} 及 K_c 取默认值 1.16 和 0.667；在静力分析中，u 的值越大，模型的收敛性越高，但是模型的计算精度越低[109]，因此本章中，u 取 0.005，既保证了计算精度，又克服了静力计算不易收敛的难题；泊松比为 0.2[108]。

由于钢-混凝土组合梁的时效性能分为两个阶段，即荷载加载过程阶段（短期瞬时荷载）与持载阶段（长期）。因此，下文将分别对混凝土短期性能和长期性能的本构模型进行介绍。

(1) 混凝土的短期性能

1) 混凝土的弹性模量

本章采用欧洲规范 EC2[44] 预测普通混凝土的弹性模量 $E_{c,NAC}$，计算见式 (5.1)：

$$E_{c,NAC}=22\cdot(f_{cm}/10)^{0.3} \tag{5.1}$$

式中 f_{cm} 为混凝土的圆柱体抗压强度。

许多学者对再生混凝土弹性模量 $E_{c,RAC}$ 进行研究，例如，考虑再生粗骨料取代率 (r) 预测再生混凝土的弹性模量[110]：对普通混凝土的弹性模量 ($E_{c,NAC}$) 进行不同程度的折减，粗略预测不同再生粗骨料取代率混凝土的弹性模量 ($E_{c,RAC}$)，例如，再生粗骨料取代率为 50% 和 100% 的再生混凝土弹性模量 ($E_{c,NAC}$) 分别为 $0.9E_{c,NAC}$ 和 $0.8E_{c,NAC}$；本章采用文献 [1] 基于式 (5.1) 考虑再生混凝土取代率 (r) 与再生粗骨料残余砂浆含量 (C_{RM}) 的更精细化预测再生混凝土的弹性模量 ($E_{c,RAC}$) 模型，计算见式 (5.2)：

$$E_{c,RAC}=(1-2/3\cdot r\cdot C_{RM})E_{c,NAC} \tag{5.2}$$

式中再生粗骨料残余砂浆的含量 (C_{RM}) 一般为 30%～50%[110]，当残余砂浆含量未知时，C_{RM} 取平均值 40%。

2) 混凝土的受压应力-应变关系

再生混凝土和普通混凝土具有相似的应力-应变关系，与普通混凝土相比，再生混凝土应力-应变关系的曲线斜率有所减小，国内外学者已经提出了多种再生混凝土在单轴应力状态下的应力-应变模型。对于再生混凝土与普通混凝土，本章采用 Xiao 等[51]考虑再生粗骨料取代率 (r) 影响的混凝土受压模型，其单轴应力-应变曲线见图 5.3，计算如式 (5.3)所示：

$$y=\begin{cases}ax+(3-2a)x^2+(a-2)x^3 & 0\leqslant x<1\\ \dfrac{x}{b\,(x-1)^2+x} & x\geqslant 1\end{cases} \tag{5.3}$$

$$x=\varepsilon_c/\varepsilon_{c0} \tag{5.4}$$

$$y=\sigma_c/f_{cm} \tag{5.5}$$

式中 σ_c——混凝土的受压应力；

ε_c——混凝土的受压应变；

ε_{c0}——混凝土的受压峰值应变；

f_{cm}——混凝土的抗压强度；

a、b——再生粗骨料取代率的影响系数，计算如式 (5.6)、式 (5.7) 所示，式中对于普通混凝土，再生粗骨料取代率 r 取 0%。

$$a=2.2(0.748\cdot r^2-1.231\cdot r+0.975) \tag{5.6}$$

$$b=0.8(7.664\cdot r+1.142) \tag{5.7}$$

3）混凝土的受拉应力-应变关系

再生混凝土与普通混凝土的受拉应力-应变关系相似，在相同抗压强度的条件下，再生混凝土的拉应变略高于普通混凝土的拉应变[111]。对于再生混凝土与普通混凝土，本章将采用 Xiao 等[51]混凝土受拉应力-应变预测模型，混凝土单轴应力-应变曲线见图5.3，计算如式（5.8）所示。

$$y = c \cdot x - (c-1)x^6 \quad (5.8)$$

$$x = \varepsilon_t / \varepsilon_{t0} \quad (5.9)$$

$$y = \sigma_t / f_t \quad (5.10)$$

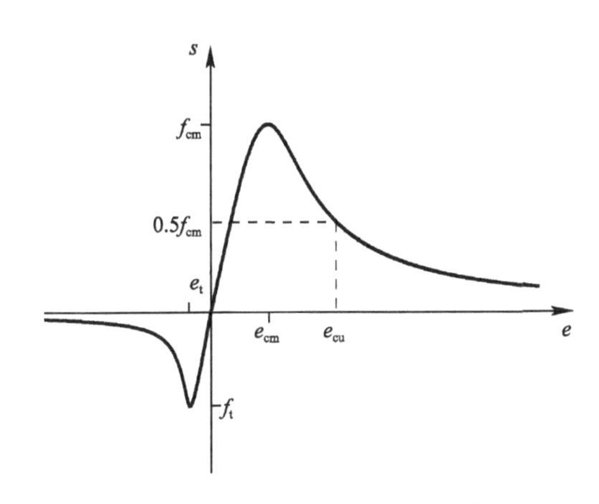

图5.3　混凝土单轴应力-应变曲线

式中　ε_t——混凝土的受拉应变；

ε_{t0}——混凝土的受拉峰值应变；

σ_t——混凝土的受拉应力；

f_t——混凝土的抗拉强度；

c——参考点处的正切模量与余切模量之比，计算如式（5.11）所示，式中普通混凝土的再生粗骨料取代率 r 取0%。

$$c = 0.007r + 1.19 \quad (5.11)$$

（2）混凝土的长期性能

本章采用基于龄期调整的有效模量法（AEMM）对混凝土的长期变形进行模拟，td时 z 位置混凝土的总变形 $\varepsilon_c(t, z)$ 为：td时混凝土的收缩变形 $\varepsilon_{sh}(t, z)$、徐变变形 $\varepsilon_{cr}(t, t_0, z)$ 及 t_0d瞬时荷载引起的变形 $\varepsilon_i(t_0, z)$ 之和，见公式（5.12）。

$$\varepsilon_c(t,z) = \varepsilon_i(t_0,z) + \varepsilon_{sh}(t,z) + \varepsilon_{cr}(t,t_0,z) \quad (5.12)$$

对于采用钢-混凝土组合楼板的组合梁，时变响应数值模拟采用线性长期徐变模型，计算见式（5.13）：

$$\varepsilon_{cr}(t,t_0,z) = \varepsilon_i(t_0,z) \cdot \varphi(t,t_0,z) \quad (5.13)$$

钢-混凝土组合楼板顶面的相对湿度与环境相对湿度大致相同，而由于组合楼板底部压型钢板的密闭性，组合楼板底部相对湿度通常较高[112]，在此状态下，式（5.12）中的收缩变形 $\varepsilon_{sh}(t, z)$ 与式（5.13）中的徐变系数 $\varphi(t, t_0, z)$ 将在板厚方向发生变化，则混凝中的变形 $\varepsilon_{c,me}(t, t_0, z)$ 见式（5.14）：

$$\varepsilon_{c,me}(t,t_0,z) = [\varepsilon_c(t,z) - \varepsilon_{sh}(t,z) - \varepsilon_{cr}(t,t_0,z)] = \frac{\varepsilon_c(t,z) - \varepsilon_{sh}(t,z)}{1+\varphi(t,t_0,z)} \quad (5.14)$$

式（5.13）中，瞬时变形 $\varepsilon_i(t_0, z)$ 可写成 $\sigma_i(t_0, z)/E_c(t_0)$，则由有效模量 $E_e(t, t_0, z)$ 计算得到应力 $\sigma_{c,me}(t, t_0, z)$，见式（5.15）：

$$\sigma_{c,me}(t,t_0,z)=E_e(t,t_0,z)\cdot\varepsilon_{c,me}(t,t_0,z)=\frac{E_c(t_0)}{[1+\varphi(t,t_0,z)]}\cdot\varepsilon_i(t_0,z)\tag{5.15}$$

考虑到收缩变形与徐变变形耦合作用的时间效应，引入老化系数 $\chi(t,\ t_0)$，如式（5.16)所示：

$$E_e(t,t_0,z)=\frac{E_c(t_0)}{1+\chi(t,t_0)\varphi(t,t_0,z)}\tag{5.16}$$

式中老化系数 $\chi(t,\ t_0)$取值在 0.4～1.0 范围内[113]，在本章中取平均值 0.7。

对于采用钢-混凝土组合楼板的组合梁，组合楼板中普通混凝土及再生混凝土的非均匀收缩模型与徐变模型介绍如下：

1）混凝土收缩模型

由于组合梁中钢-混凝土组合楼板的单面密闭性，组合楼板的相对湿度沿厚度方向为非均匀分布，因此，混凝土的收缩也是非均匀分布的[1]，本章将采用文献［1］收缩模型，组合楼板的顶面及底面收缩模型见式（5.17)、式（5.18)：

$$\varepsilon_{sh,top}=(1.6+0.1\times r)\cdot\varepsilon_{sh}\tag{5.17}$$

$$\varepsilon_{sh,bot}=(1/6-1/4\cdot r)\cdot\varepsilon_{sh,top}\tag{5.18}$$

式中 $\varepsilon_{sh,top}$——组合梁楼板顶面收缩；

$\varepsilon_{sh,bot}$——组合梁楼板底面收缩；

ε_{sh}——混凝土总收缩。

混凝土的总收缩 ε_{sh} 为自生收缩 $\varepsilon_{sh,au}$ 和干燥收缩 $\varepsilon_{sh,dry}$ 之和，即 $\varepsilon_{sh}=\varepsilon_{sh,au}+\varepsilon_{sh,dry}$。现有再生混凝土的收缩模型是在普通混凝土收缩模型的基础上修正得到的。对于普通混凝土，本章采用欧洲规范 EC2[44] 的普通混凝土收缩模型；对于再生混凝土，本章采用文献［1］基于欧洲规范 EC2[44] 和澳大利亚规范 AS3600[114]普通混凝土收缩模型修正得到的再生混凝土收缩模型。

欧洲规范 EC2[44] 中，普通混凝土的自生收缩变形随龄期的变化规律见式（5.19)、式（5.20)：

$$\varepsilon_{sh,au}^{NAC}(\infty)=2.5\times(f_{ck}-10)\times10^{-6}\tag{5.19}$$

$$\varepsilon_{sh,au}^{NAC}(t)=(1.0-e^{-0.2t^{0.5}})\times\varepsilon_{sh,au}^{NAC}(\infty)\tag{5.20}$$

式中 $\varepsilon_{sh,au}^{NAC}(t)$ ——普通混凝土 t 时刻的自生收缩变形；

$\varepsilon_{sh,au}^{NAC}(\infty)$ ——普通混凝土自生收缩变形终值；

f_{ck}——普通混凝土圆柱体 28d 抗压强度；

t——普通混凝土养护龄期，从混凝土浇筑完成后开始计算。

普通混凝土的干燥收缩模型见式（5.21)：

$$\varepsilon_{sh,dry}^{NAC}=\varepsilon_{sh,dry}^{NM}\cdot(1-V_{NCA}^{NAC})^n\tag{5.21}$$

式中 $\varepsilon_{sh,dry}^{NAC}$——普通混凝土干燥收缩变形；

$\varepsilon_{sh,dry}^{NM}$——水泥砂浆的干燥收缩变形；

V_{NCA}^{NAC}——普通混凝土中粗骨料的体积含量；

n——经验系数，Fathifazl等[45]建议根据粗骨料的弹性模量取1.2～1.7。

文献［1］通过引入再生混凝土的自生收缩影响系数$\kappa_{sh,au}$预测再生混凝土的自生收缩性能，再生混凝土的自生收缩影响系数$\kappa_{sh,au}$与自生收缩模型计算分别见式（5.22）、式（5.23）：

$$\kappa_{sh,au} = (1 - r \cdot C_{RM})^{-0.5} \cdot \left[\frac{w_{RAC} + \omega \cdot a_{RCA}^{RAC}}{w_{RAC}}\right]^{-3.5} \tag{5.22}$$

$$\varepsilon_{sh,au}^{RAC} = \kappa_{sh,au} \cdot \varepsilon_{sh,au}^{NAC} \tag{5.23}$$

式中 $\varepsilon_{sh,au}^{RAC}$——再生混凝土自生收缩变形；

r——再生粗骨料取代率；

C_{RM}——再生粗骨料残余砂浆含量；

w_{RAC}——再生混凝土搅拌用水的质量含量；

ω——再生粗骨料的吸水率；

a_{RCA}^{RAC}——再生粗骨料的质量含量。

文献［1］通过考虑再生粗骨料替代率、残余砂浆含量和基体混凝土强度的综合影响，对普通混凝土干燥收缩模型进行修正，得到再生混凝土的干燥收缩模型，计算公式见（5.24），$\kappa_{sh,a}$为残余砂浆对骨料刚度降低的影响系数，计算公式见（5.25），$\kappa_{sh,f}$为基体混凝土抗压强度对再生混凝土干燥收缩性能的影响系数，计算公式见（5.26）：

$$\varepsilon_{sh,dry}^{RAC} = \kappa_{sh,f} \cdot \kappa_{sh,a} \cdot \varepsilon_{sh,dry}^{NAC} \tag{5.24}$$

$$\kappa_{sh,f} = \frac{\dfrac{V_{RM}^{RAC}}{V_{TM}^{RAC}} \cdot \exp(-0.045 \cdot f_{cm}^{PC}) + \dfrac{V_{NM}^{RAC}}{V_{TM}^{RAC}} \cdot \exp(-0.040 \cdot f_{cm}^{RAC})}{\exp(-0.040 \cdot f_{cm}^{RAC})} \tag{5.25}$$

$$\kappa_{sh,a} = \left(\frac{1 - (1 - r \cdot C_{RM}) \cdot V_{CA}^{RAC}}{1 - V_{CA}^{RAC}}\right)^{n} \tag{5.26}$$

式中 $\varepsilon_{sh,dry}^{RAC}$——再生混凝土干燥收缩变形；

V_{RM}^{RAC}——再生混凝土中残余砂浆的体积含量；

V_{NM}^{RAC}——再生混凝土中新制砂浆的体积含量；

V_{TM}^{RAC}——再生混凝土中总砂浆的体积含量；

f_{cm}^{PC}、f_{cm}^{NAC}——分别为基体混凝土和普通混凝土的抗压强度。

2）混凝土徐变模型

混凝土的徐变变形$\varepsilon_{cr}(t,\ t_0,\ z)$和收缩变形相似，沿组合梁的钢-混凝土组合楼板厚度方向非均匀分布[1]。对于普通混凝土，本章采用欧洲规范EC2[44]中的徐变模型，组合楼板顶面采用环境相对湿度，底面的相对湿度取90%，计算见式（5.27）～式（5.29）：

$$\varphi(t, t_0, z) = \varphi_0 \beta_c(t, t_0) \tag{5.27}$$

$$\varphi_0=\varphi_{RH}\beta(f_{cm})\beta(t_0)=\left[1+\frac{1-R_H/100}{0.1\sqrt[3]{h_0}}\right]\cdot\frac{16.8}{\sqrt{f_{cm}}}\cdot\frac{1}{0.1+t_0^{0.2}} \tag{5.28}$$

$$\beta_c=\left[\frac{t}{\beta_h+t}\right]^{0.3} \tag{5.29}$$

式中　φ_0——混凝土名义徐变系数；

$\beta_c(t,t_0)$——混凝土徐变发展系数；

β_h——过程参数，主要考虑环境湿度及试件理论厚度的影响。

对于再生混凝土，本章采用 EC2[44] 和 Geng 等[43] 考虑残余砂浆 K_{RCA}、基体混凝土强度系数 $k_{w/c}$ 和可恢复徐变系数 K_{RC} 综合影响的徐变预测模型，计算见式（5.30）～式（5.33）：

$$\varphi_{RAC}(t,t_0)=K_{RCA}K_{RC}\varphi_{NAC}(t,t_0) \tag{5.30}$$

$$K_{RCA}=\frac{\left[1-\frac{1-k_{w/c}r}{D_{NCA}}a_{CA}^{RAC}-\frac{k_{w/c}r(1-C_{RM})}{D_{OVA}}a_{CA}^{RAC}\right]^{1.33}}{(1-V_{CA}^{RAC})^{1.33}} \tag{5.31}$$

$$k_{w/c}=\ln\left[\frac{2.12(w_{or}/c_{or})^2-0.52(w_{or}/c_{or})+0.16}{2.13(w_{or}/c_{or})^2-1.28(w_{or}/c_{or})+0.31}\right] \tag{5.32}$$

$$K_{RC}=1-\beta\cdot\frac{t^{0.6}}{10+t^{0.6}}\cdot\left[\frac{C_{RM}V_{RCA}^{RAC}}{1-V_{RCA}^{RAC}\cdot(2-r)}\right]^{1.33} \tag{5.33}$$

式中　D_{NCA}——天然粗骨料的密度；

D_{OVA}——基体粗骨料的密度；

a_{CA}^{RAC}——再生混凝土中粗骨料的重量；

w_{or}/c_{or}——基体混凝土水灰比。

当基体混凝土的性质未知时，基体混凝土的强度系数 $k_{w/c}$ 和可恢复徐变系数 K_{RC} 都取值为 1.0。则该预测模型可简化为 Fathifazl 等[45] 的预测模型，计算见式（5.34）：

$$\varphi_{RAC}=\left[1+\frac{r\cdot C_{RM}\cdot V_{CA}^{RAC}}{1-V_{CA}^{RAC}}\right]^{1.33}\varphi_{NAC} \tag{5.34}$$

2. 钢材

在组合梁的长期性能试验研究中，组合梁中的钢材均未发生破坏[21,78]，因此本章中的钢材不考虑破坏阶段。压型钢板一般由钢材冷加工而成，有较高的屈服强度[115]，但应变硬化及伸长率较低，其极限强度和屈服强度相近[20]。因此本章中的压型钢板采用理想弹塑性模型（图 5.4(a)）。对于组合梁中的钢梁、钢筋、抗剪连接件等钢材本构，本文采用 Katwal 和 Tao 等[115] 的具有应变硬化的弹塑性模型，其应力（σ）-应变（ε）计算模型见公式（5.35），应力（σ）-应变（ε）曲线如图 5.4(b)所示，OA 段为钢材弹性阶段，钢材在 A 点达到屈服强度 f_y，OA 段的斜率为钢材的弹性模量 E_s，则钢材的屈服应变 ε_y 为 f_y/E_s。BC 段为钢材的强化阶段，钢材在 B 点开始进入强化阶段，B 点对应的应变为 ε_p，强化初始弹性模量为 E_p，在 C 点达到极限强度 f_u，对应的应变为 ε_u。

$$\sigma=\begin{cases}E_s\varepsilon & 0\leqslant\varepsilon<\varepsilon_y\\ f_y & \varepsilon_y\leqslant\varepsilon<\varepsilon_p\\ f_u-(f_u-f_y)\left(\dfrac{\varepsilon_u-\varepsilon}{\varepsilon_u-\varepsilon_p}\right)^p & \varepsilon_p\leqslant\varepsilon<\varepsilon_u\\ f_u & \varepsilon_u\leqslant\varepsilon\end{cases} \tag{5.35}$$

式中 p 为应变硬化指数，p、E_p、ε_p、ε_u 计算见式（5.36）～式（5.39）：

$$p=E_p\left(\frac{\varepsilon_u-\varepsilon_p}{f_u-f_y}\right) \tag{5.36}$$

$$E_p=0.02E_s \tag{5.37}$$

$$\varepsilon_p=[15-0.018(f_y-300)]\varepsilon_y \tag{5.38}$$

$$\varepsilon_u=[100-0.15(f_y-300)]\varepsilon_y \tag{5.39}$$

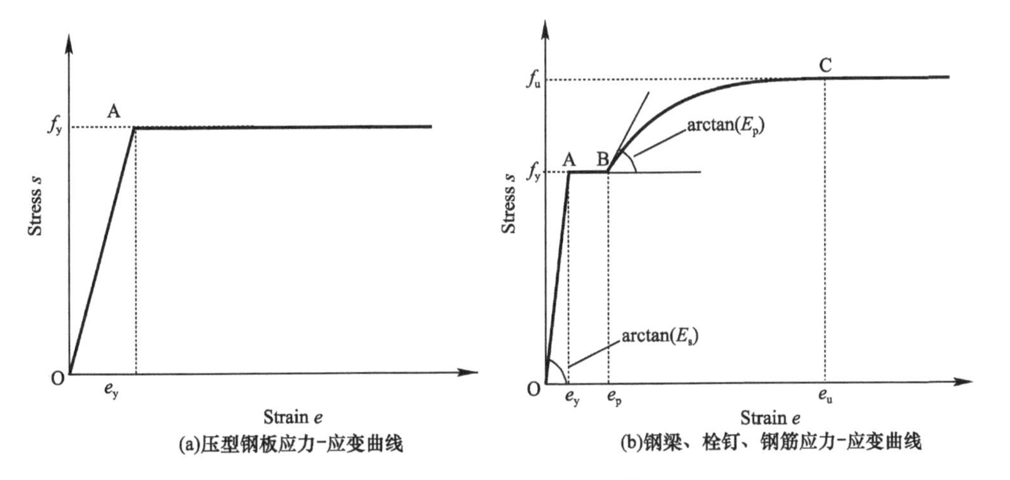

(a)压型钢板应力-应变曲线　(b)钢梁、栓钉、钢筋应力-应变曲线

图 5.4　钢材应力-应变曲线

5.2.2　单元选择及网格划分

本章有限元模型共采用三种单元类型：混凝土、钢梁、栓钉、加载垫板采用六面体八节点实体单元（C3D8R），压型钢板采用四节点壳单元（S4R），钢筋采用两节点桁架单元（T3D2）。

构件网格划分主要采用结构化（Structured）与扫掠（Sweep）两种划分方式：加载垫板、钢梁的腹板与下翼缘采用结构化（Structured）的划分，加载垫板单元尺寸为 20mm；钢梁腹板沿高度方向至少划分 9 个单元，最大单元尺寸为 20mm，钢梁下翼缘沿宽度方向至少 3 个单元，最大单元尺寸为 20mm；钢梁上翼缘、栓钉、混凝土、压型钢板采用扫掠（Sweep）划分，为使划分的网格更加规则以提高模型的收敛性，其中栓钉及栓钉附近的钢梁上翼缘、混凝土、压型钢板等采用中性轴（Medial axis）运算法则，其余部分采用进阶算法（Advancing front）法则；钢梁上翼缘沿宽度方向至少6个单元，最大单元尺寸为10mm；压型钢板及混凝土在栓钉附近网格大小为4～10mm，其余部分网格大小为20～40mm；栓钉网格大小为$D/4$（D为栓钉直径）或者4mm；钢筋网格大小为40mm。部件网格划分见图5.5，图中仅以采用开口型压型钢板组合楼板的组合梁为例。

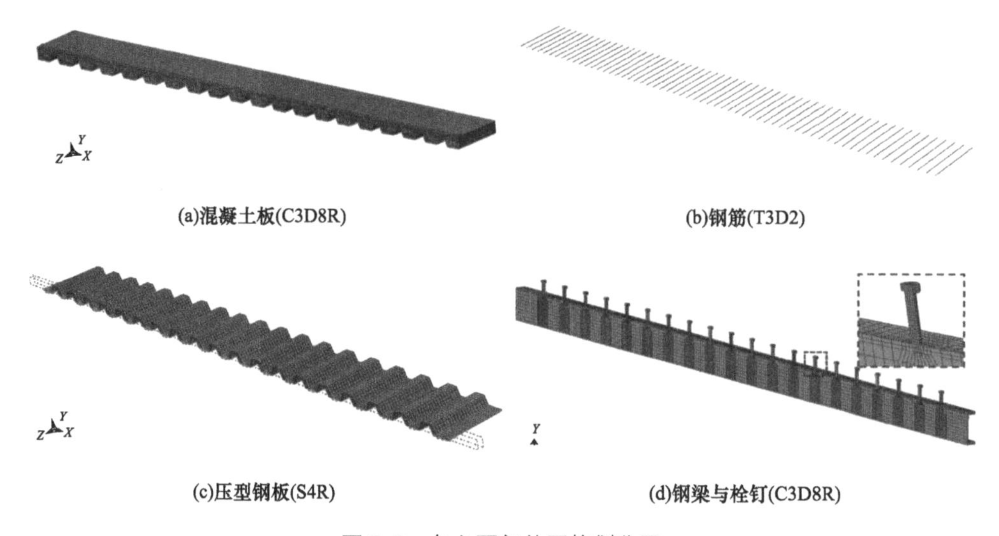

图5.5　各主要部件网格划分图

5.2.3　接触及边界条件设置

由于钢-混凝土组合梁有限元模型关于梁的纵向截面对称，为了提高计算效率，本章建立钢-混凝土组合梁半模型，在半模型对称面设置对称约束（XSYMM）（图5.6）。在进行有限元模型验证时，对于不同的试验设置相应的支撑条件。

在荷载作用下，组合梁的栓钉与混凝土、混凝土与压型钢板、压型钢板与钢梁之间将会产生相对滑移，因此，对于以上部件之间接触，本章采用ABAQUS中的面对面（Surface-to-Surface）连接（图5.6）。ABAQUS/Standard面对面接触中规定，主面（Master surface）须为刚度较大的面，本章面对面连接主、从面的设置见表5.1。

连接接触面的法向（Normal Behavior）设置为“Hard”接触，即两个接触面在荷载作用下不会相互“穿透”；接触面的切向（Tangential Behavior）设置摩擦因数。Katwal和Tao等[115]对钢-混凝土组合梁各个组件之间接触面的切向摩

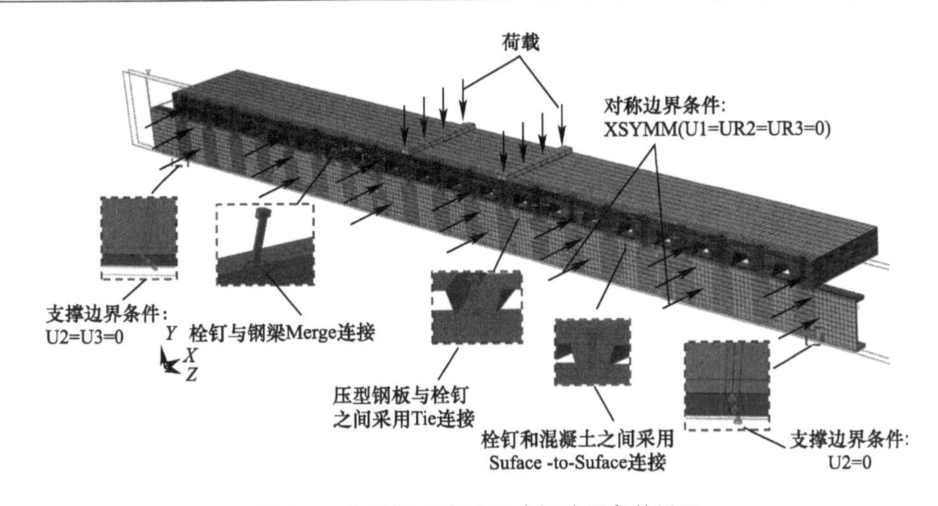

图5.6 典型钢-混凝土组合梁边界条件设置

面对面接触的主、从面设置 表5.1

面对面连接（surface-to-surface）	主面（Master surface）	从面（Slave surface）
栓钉与混凝土	栓钉	混凝土
混凝土与压型钢板	压型钢板	混凝土
压型钢板与钢梁	钢梁	压型钢板

擦因数进行了敏感度分析，研究表明，当摩擦因数取0.01时，模型能较准确的预测钢-混凝土组合梁的受力性能，因此，本章面对面接触的切向摩擦因数取0.01。ABAQUS中面对面接触的滑移公式（Sliding formulation）设置分为有限滑移（Finite sliding）和小滑移（Small sliding）。有限滑移允许主面和从面之间有一个相对较大的滑移或转动，小滑移允许主面和从面之间的相对滑移量较小（一般小于接触面单元尺寸的20%）。在本章中，与单元尺寸相比，面对面接触中主面和从面的相对滑移较大，因此本章在分析过程中选用有限滑移公式。

本章通过将栓钉与钢梁融合（Merge）为一个整体，以模拟栓钉与钢梁在实际工程中的焊接连接（图5.6）；压型钢板与栓钉（图5.6）、加载垫板与混凝土采用Tie连接；钢筋嵌入（Embedded region）到混凝土中。

5.2.4 有限元分析过程

本章采用热-力耦合的方法对混凝土长期性能进行有限元分析，主要分为混凝土温度场建立和钢-混凝土组合梁静力模拟阶段。通过对混凝土主动降温的方式模拟混凝土收缩变形，采用基于龄期调整的有效模量法（AEMM）模拟混凝土的徐变变形。

1. 温度场的建立

温度场建立是为后续组合梁静力分析做准备，温度场绝对零度为－273℃，斯忒藩-玻尔兹曼常数（Stefan-Boltzmann constant）为 5.67×10^{-8}，混凝土整体的初始温度为 T_0，导热系数为 1.355W/(m·K)，比热容为 1230.5J/(kg·K)[116]。混凝土随着温度的降低而收缩，利用混凝土的膨胀系数确定混凝土的温度收缩梯度，本章中混凝土的温度收缩梯度为 10$\mu\varepsilon$/℃。对于采用钢-混凝土组合楼板的组合梁，通过对混凝土板顶面和底面设定不同的温度，使温度沿混凝土板厚度方向非均匀分布，以模拟混凝土的非均匀收缩分布，对于采用带钢筋混凝土楼板的组合梁，混凝土板上下表面设置相同温度，以模拟混凝土的均匀收缩。

2. 钢-混凝土组合梁时效性能模拟

钢-混凝土组合梁的长期性能模拟主要包括外荷载加载和混凝土长期变形的施加。总结钢-混凝土组合梁的加载周期，主要包括两个阶段：

第一阶段（拆除支撑阶段）：此阶段荷载加载完成后并持续施加，采用混凝土 t_0 时刻的力学模型，即混凝土的短期本构模型。此阶段主要为组合梁在瞬时荷载作用下的力学性能。

第二阶段（正常使用及维护阶段）：模拟钢-混凝土组合梁在混凝土开裂、均匀/非均匀收缩、均匀/非均匀徐变及组合梁界面相对滑移耦合作用下的时效性能。组合梁混凝土收缩变形通过温度的改变模拟，长期外荷载作用引起的徐变变形通过基于龄期调整的有效模量法（AEMM）模拟。

5.3 钢-再生混凝土组合梁有限元模型验证

5.3.1 长期荷载作用下钢-混凝土组合梁力学性能验证

目前尚无钢-再生混凝土组合梁长期性能试验研究文献，为验证本章模型的可靠性，对现有的钢-普通混凝土组合梁长期性能试验进行有限元模拟，具体包括文献［20］中1组采用钢-混凝土组合板的组合梁和文献［22］、［78］中4组采用钢筋混凝土板的组合梁试件。表5.2列出了组合梁长期试验的参数，主要包括：组合梁跨度（4000～8000mm）、组合梁楼板厚度（60～125mm）、加载龄期（124～1095d）、长期荷载（6.4～13.4kN）、混凝土抗压强度（24.5～34.0MPa）。

1. 采用组合板的组合梁长期试验

文献［20］中对试件CSB1进行了134d的试验研究，楼板采用闭口型压型钢板-混凝土组合板，长期荷载为7.3kN/m，加载龄期为107d。图5.7为有限元模拟结果与试验结果的对比，可以发现，134d时，CSB1跨中长期附加挠度的试验值与有限元结果分别为2.59mm和2.41mm（图5.7(a)），二者相差6.9%；1/4跨长期附加挠度试验结果和有限元结果分别为2.20mm和1.60mm（图5.7(b)），

表5.2　钢-混凝土组合梁长期试验参数与主要结果

试件名称	钢梁型号	楼板尺寸			材料力学性能		t_0(d)	t (d)	q(kN/m)	$\delta_{cs,EXP}$ (mm)	$\delta_{tot,EXP}$ (mm)	$\delta_{cs,FE}$ (mm)	$\delta_{tot,FE}$ (mm)	$\delta_{tot,FE}/\delta_{tot,EXP}$	$\delta_{cs,FE}/\delta_{cs,EXP}$
		L (mm)	h (mm)	b (mm)	f_{cm} (MPa)	$f_{y,sb}$ (MPa)									
CSB1[20]	310UB40	8000	125	2000	26.1	332	27	124	7.3	2.59	23.7	2.41	24.2	0.931	1.021
LCB1[22]	180×100×4×4	4000	60	600	24.5	304	7	1095	7.29	5.63	9.57	5.88	10.24	1.044	1.070
LCB2[22]	180×100×4×4	4000	60	600	34.0	304	7	1095	7.29	6.11	9.72	6.63	10.91	1.085	1.122
CB1[78]	310UB40	8000	125	2000	27.7	324	—	461	6.4	8.34	21.33	8.84	22.12	1.060	1.037
CB3[78]	310UB40	8000	125	2000	27.7	324	29	222	13.4	12.26	38.66	12.94	42.23	1.055	1.092
均值														1.035	1.068
标准差														0.060	0.041

注：t_0 表示加载龄期；t 表示持荷时间；q 为荷载；$\delta_{cs,EXP}$ 与 $\delta_{cs,FE}$、$\delta_{tot,EXP}$ 与 $\delta_{tot,FE}$ 分别表示组合梁的长期挠度试验结果与有限元结果、总挠度试验结果与有限元结果。

二者相差 27.3%；组合梁长期附加界面滑移试验值和有限元计算值分别为 0.042mm 和 0.044mm（图 5.7(c)），二者相差 4.8%。可以发现，本章建立的有限元模型可以较好预测采用组合板的组合梁长期性能。

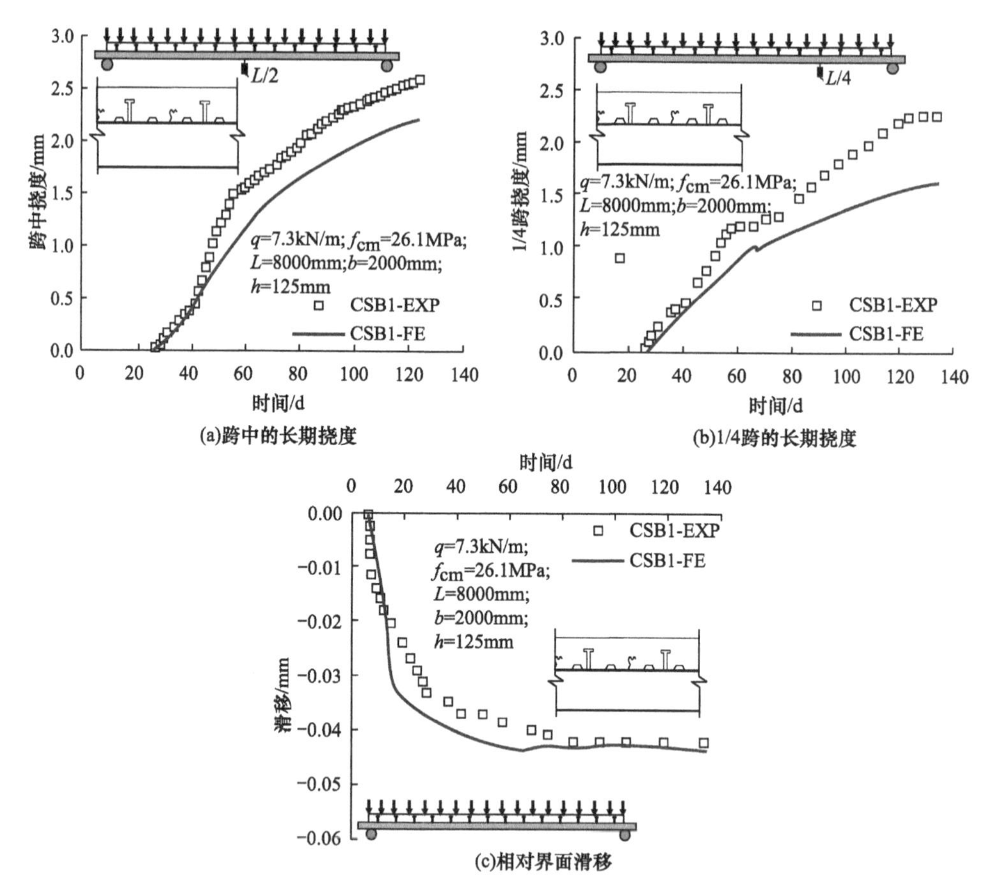

图 5.7　采用组合楼板的组合梁长期试验与有限元结果对比

2. 采用钢筋混凝土板的组合梁长期试验

文献［22］、［78］对采用钢筋混凝土板的组合梁长期性能进行了试验研究，其中，文献［22］中试件 LCB1、LCB2 的长期荷载为 7.29kN/m，持荷时间为 1087d；文献［78］中试件 CB1 的长期荷载为 6.4kN/m，持荷时间为 454d，CB3 的长期荷载为 13.4kN/m，持荷时间为 215d。图 5.8～图 5.12 为有限元与试验结果的对比。下文分别针对挠度、界面滑移、构件应力等方面进行介绍。需要说明，由于文献中的长期试验环境很难保证恒温恒湿条件，因此，本章的有限元模拟采用的是试验过程中的平均温湿度。

1095d 时，LCB1、LCB2 跨中长期附加挠度的试验结果与有限元结果分别为 5.63mm 与 5.88mm、6.11mm 与 6.63mm（图 5.8(a)、图 5.8(b)），二者分别相

差4.4%、8.5%；LCB1、LCB2跨中长期总挠度的试验结果与有限元结果分别为9.57mm与10.24mm、9.72mm与10.91mm，二者分别相差7.0%、12.2%。461d时，CB1跨中长期附加挠度的试验结果与有限元结果分别为8.34mm、8.84mm（图5.8(c)），二者相差6.0%；跨中长期总挠度的试验结果与有限元结果分别为21.33mm、22.12mm，二者相差3.7%。222d时，CB3跨中长期附加挠度的试验结果与有限元结果分别为12.26mm、12.94mm（图5.8(d)），二者相差5.5%；跨中长期总挠度的试验结果与有限元结果分别为38.66mm、42.23mm，二者相差9.2%。可以发现，本章建立的有限元模型可以较好预测采用钢筋混凝土楼板的组合梁长期挠度。

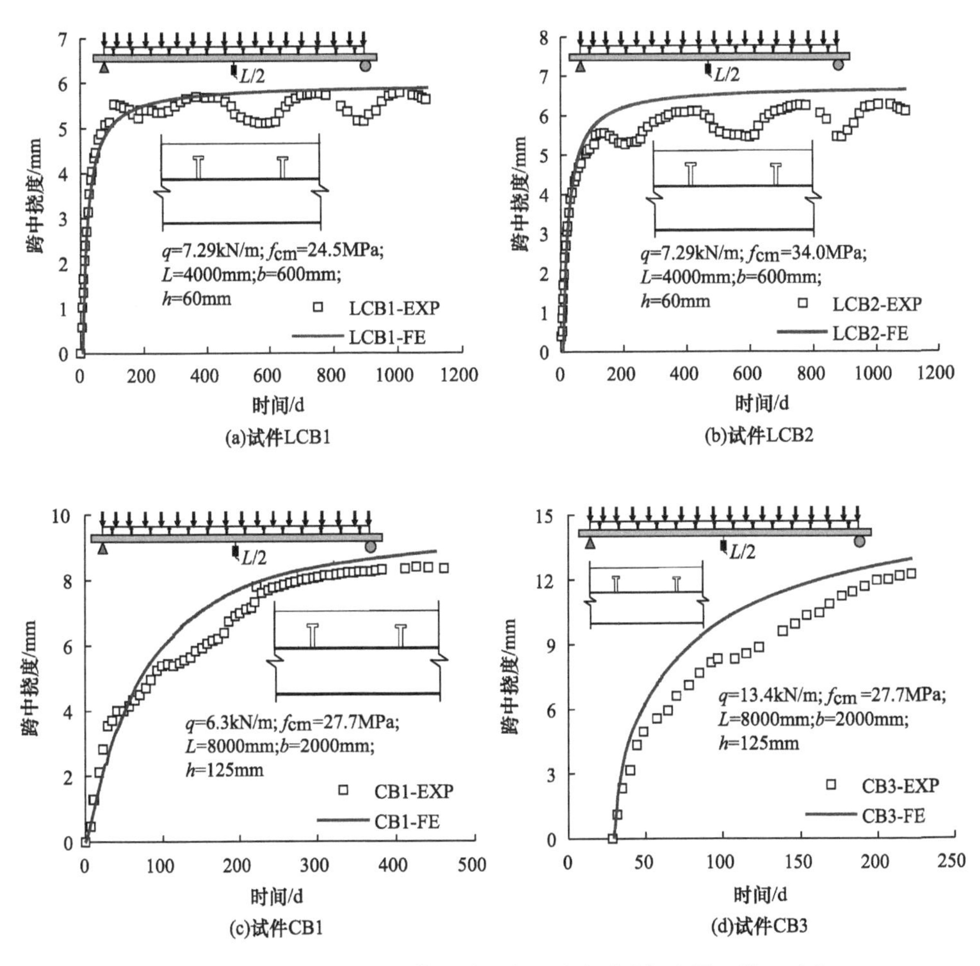

图5.8　采用钢筋混凝土楼板的组合梁挠度试验与有限元结果对比

461d时，试件CB1界面滑移的试验结果与有限元结果分别为−0.62mm、−0.50mm（图5.9(a)），二者相差19.4%；试件CB3界面滑移的试验结果与有限元结果分别为 0.14mm、0.31mm（图 5.9(b)），二者相差 122%，这可能是由于滑移的数值较小，试验测量误差导致。可以发现，本章建立的有限元模型可以较好预测钢-钢筋混凝土板组合梁的界面滑移。在长期荷载作用下，由于混凝土的收缩会使楼板长度相对于钢梁“回缩”，混凝土的徐变会使楼板的长度相对于钢梁“伸长”。因此，当组合梁荷载较小时（试件 CB1），混凝土的收缩效应大于徐变效应，组合梁的界面滑移为负值；当荷载较大时（试件 CB3），混凝土的收缩效应小于徐变效应，组合梁的界面滑移为正值。

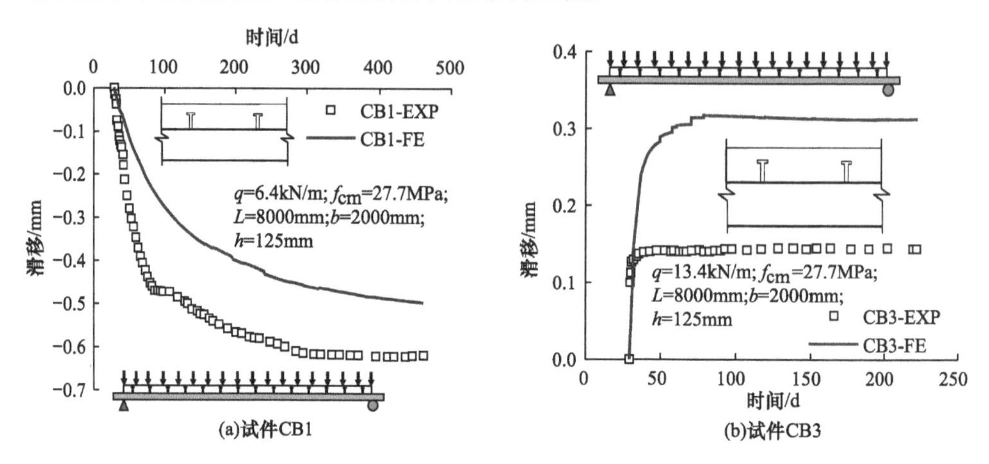

图 5.9　采用钢筋混凝土楼板的组合梁的界面滑移试验与有限元结果对比

图 5.10 对比了组合梁跨中混凝土的应变试验与有限元结果，768d 时，试件 LCB1 混凝土跨中长期应变的试验结果与有限元结果分别为 $-578\mu\varepsilon$、$-581\mu\varepsilon$（图 5.10(a)），二者相差 0.5%；461d 时，试件 CB1 混凝土跨中长期附加应变的试验结果与有限元结果分别为 $-443\mu\varepsilon$、$-481\mu\varepsilon$（图 5.10(b)），二者相差 8.6%；222d 时，试件 CB3 混凝土跨中长期附加应变的试验结果与有限元结果分别为 $-477\mu\varepsilon$、$-386\mu\varepsilon$（图 5.10(c)），二者相差 19.1%。可以发现，本章建立的有限元模型可以较好预测组合梁混凝土的跨中长期应变发展规律。

图 5.11 对比了组合梁的钢梁跨中应变的试验与有限元结果，768d 时，试件 LCB1 的钢梁跨中长期附加应变试验结果与有限元结果分别为 $179\mu\varepsilon$、$144\mu\varepsilon$（图 5.11(a)），二者相差 19.6%；461d 时，试件 CB1 钢梁跨中长期附加应力的试验结果与有限元结果分别为 $84\mu\varepsilon$、$83\mu\varepsilon$（图 5.11(b)），二者相差 1.2%；试件 CB3 的钢梁跨中长期附加应力的试验结果与有限元结果分别为 $182\mu\varepsilon$、$185\mu\varepsilon$（图 5.11(c)），二者相差 1.6%。可以发现，本章建立的有限元模型可以较好预测采用钢筋混凝土楼板的组合梁钢梁长期应变。

表 5.2 列举了 5 组组合梁长期挠度的试验与有限元结果的对比，可以发现，组合梁长期总挠度有限元结果与试验结果比值的均值和标准差分别为 1.035 和

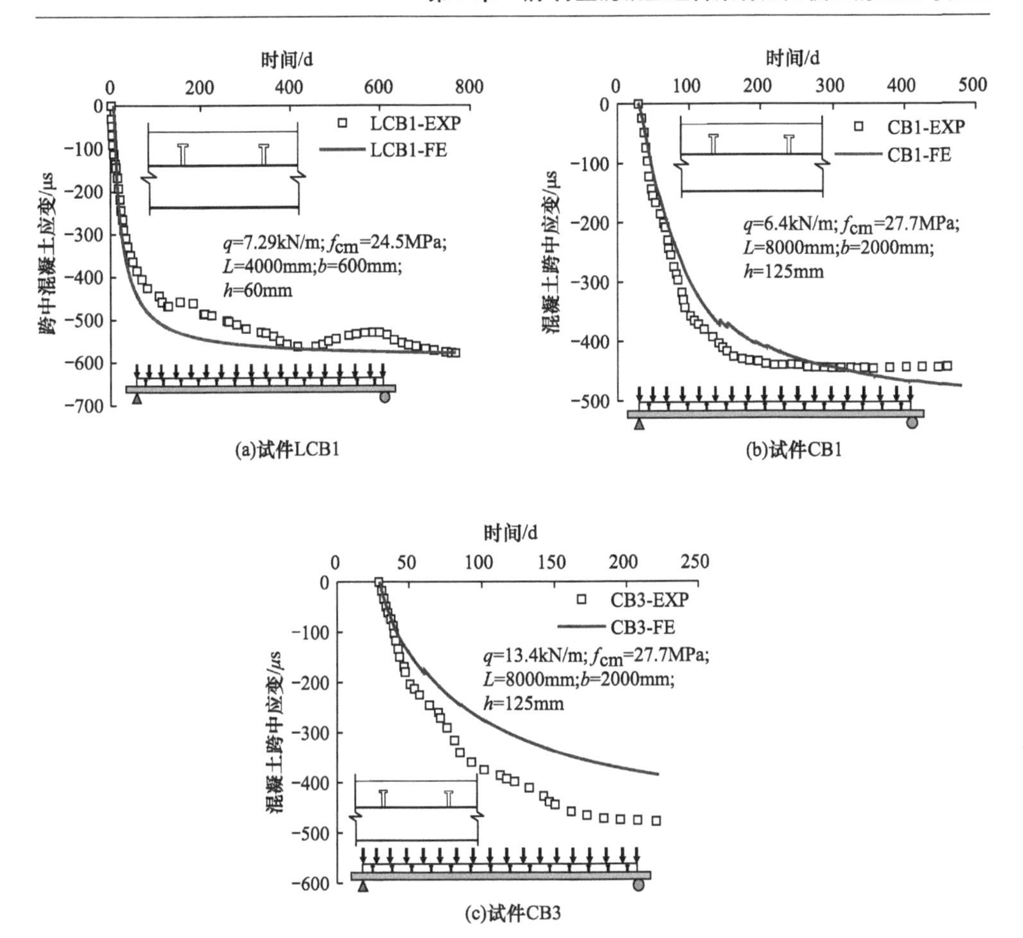

图5.10 采用钢筋混凝土楼板的组合梁跨中混凝土应变试验与有限元对比

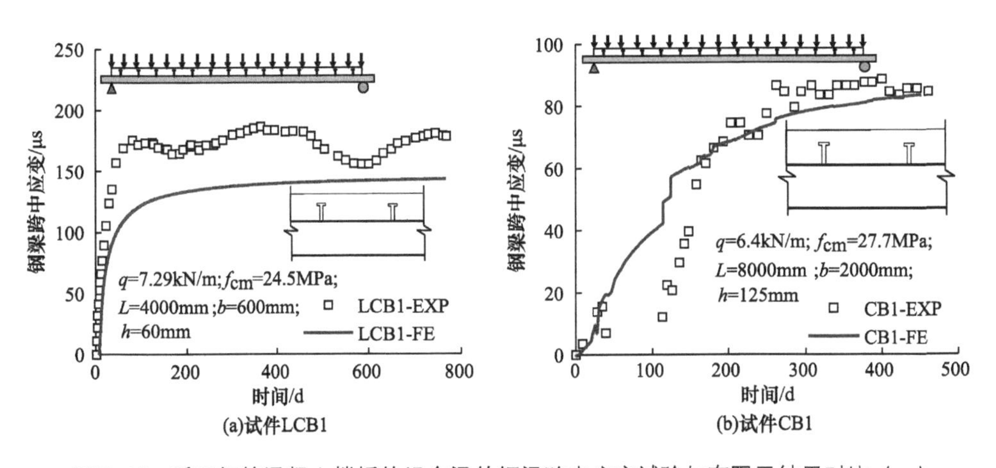

图5.11 采用钢筋混凝土楼板的组合梁的钢梁跨中应变试验与有限元结果对比（一）

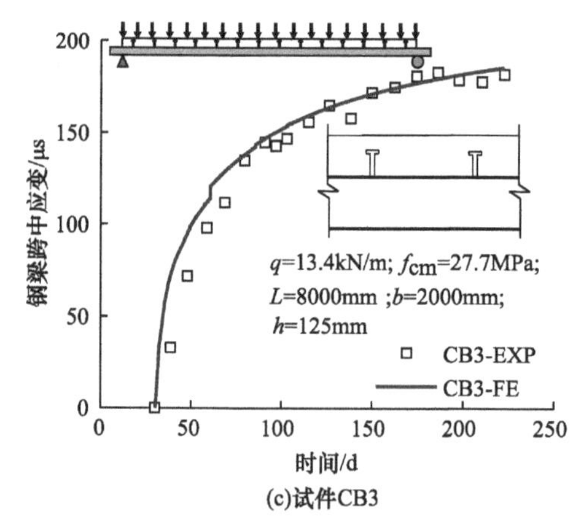

图 5.11 采用钢筋混凝土楼板的组合梁的钢梁跨中应变试验与有限元结果对比（二）

0.060；长期附加挠度（长期挠度扣除瞬时挠度）有限元结果与试验结果比值的均值和标准差分别为 1.068 和 0.041。上述结果可以表明，本章建立的有限元模型可以较好地预测钢-混凝土组合梁的长期性能。

5.3.2 钢-混凝土组合梁长期推出试验验证

为了验证钢-混凝土组合梁在长期荷载作用下抗剪连接件的滑移性能，本章对文献［20］中钢-混凝土组合梁长期推出试验进行了有限元模拟，组合梁楼板采用闭口型压型钢板-混凝土组合板，试验参数与主要结果见表 5.3。图 5.12 为有限元与试验结果的对比，可以发现，本章建立的有限模型能较好地预测钢-混凝土组合梁长期荷载作用下抗剪连接件的滑移性能。具体而言，长期滑移的试验与有限元结果分别为 0.026mm、0.035mm，二者相差 34.6%，且发展规律一致；总滑移的试验结果与有限元结果分别为 0.19mm、0.21mm，二者相差 10.5%。

钢-混凝土组合梁长期推出试验参数与主要结果　　表 5.3

文献来源	钢梁型号	楼板尺寸			$S_{cs,EXP}$ (mm)	$S_{tot,EXP}$ (mm)	$S_{cs,FE}$ (mm)	$S_{tot,FE}$ (mm)	$S_{cs,FE}/S_{cs,EXP}$	$S_{tot,FE}/S_{tot,EXP}$
		L (mm)	h (mm)	b (mm)						
[20]	310UB40	633	125	600	0.026	0.19	0.035	0.21	1.346	1.105

注：$S_{cs,EXP}$和 $S_{tot,EXP}$分别为推出试验长期滑移与总滑移试验结果；$S_{cs,FE}$和 $S_{tot,FE}$分别为推出试验长期附加滑移与总滑移有限元结果。

5.3.3 瞬时荷载作用下钢-混凝土组合梁力学试验验证

钢-混凝土组合梁在瞬时荷载作用下的力学响应，可以通过受弯性能试验获得。因此，本章对组合梁受弯性能的试验进行了模拟，试件主要分为钢-普通混凝土组合梁（r=0%）与钢-再生混凝土组合梁（r=100%）。其中，钢-普通混凝土组合梁采用闭口型（Condeck HP、DW66-240-720）组合板、开口型（Corus

ComFlor 78、YX60-200-600）组合板；钢-再生混凝土组合梁为闭口型（DW66-240-720）组合板。表 5.4 列出了组合梁瞬时荷载作用下的试验参数，主要包括：组合梁的跨度 L（3000～8050mm）、组合梁楼板的厚度 h（105～150mm）、组合梁楼板宽度 b（800～2000mm）、再生粗骨料取代率 r（0%～100%）、混凝土抗压强度 f_{cm}（26.1～65.8MPa）、组合梁抗剪连接度 η（0.27～0.79）。

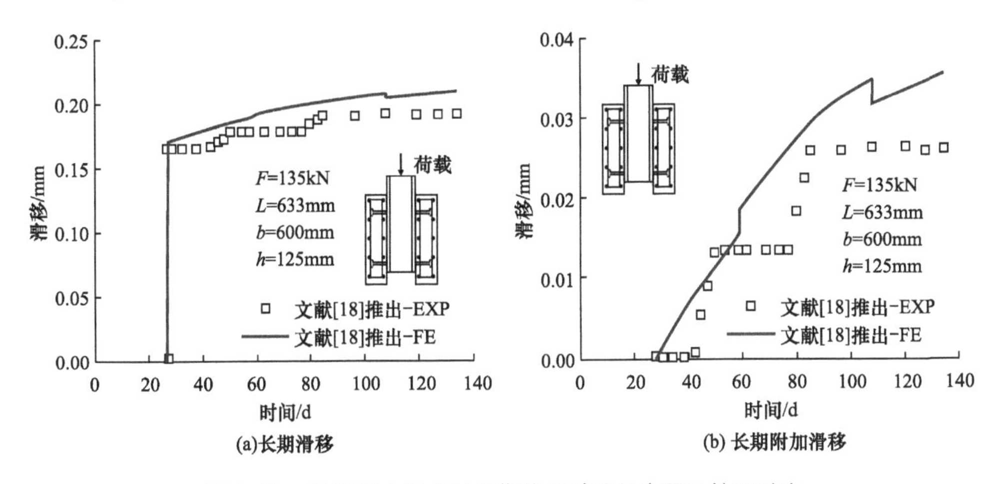

图 5.12　钢-混凝土组合梁长期推出试验与有限元结果对比

1. 钢-普通混凝土组合梁（$r=0\%$）

（1）采用闭口型组合板的组合梁

文献［20］中对试件 CSB1 的抗弯性能进行试验研究，楼板采用闭口型压型钢板（Condeck HP）-混凝土组合板。图 5.13 为有限元与试验结果的对比，可以发现，试件 CSB1 极限承载力的试验结果与有限元结果分别为 227kN 和 246kN，二者相差 8.4%；跨中荷载-挠度曲线有限元与试验结果相比（图 5.13(a)），二者最大相差 13.5%；1/4 跨挠度-荷载曲线有限元与试验结果相比（图 5.13(b)），二者最大相差 14.9%；钢梁跨中应变有限元与试验结果相比（图 5.13(c)），二者最大相差 3.0%；混凝土跨中应变有限元与试验结果相比（图 5.13(d)），二者最大相差 14.1%；在计算构件的变形时，0.5～0.7 倍的极限弯矩（M_u）范围内，构件的弯矩-变形曲率相对稳定[14]，因此本章取组合梁 $0.5M_u$ 时对应的刚度（B）进行对比，试件 CSB1 刚度的试验结果与有限元结果分别为 46267N/mm 和 56535N/mm，二者相差 22.2%。由对比结果可知，本章建立的有限元模型可以较好预测采用钢-混凝土闭口型（Condeck HP）组合楼板组合梁的受弯性能。

文献［14］对试件 SCB-120-3-20a 与 SCB-150-3-20a 进行了抗弯性能试验研究，两试件楼板采用闭口型压型钢板（DW66-240-720）-混凝土组合板，楼板厚

表 5.4　钢-混凝土组合梁足尺寸受弯性能试验参数与主要结果

试件名称	钢梁型号	组合梁楼板板型	r (%)	楼板尺寸			材料力学性能		η	$P_{u,EXP}$ (kN)	$P_{u,FE}$ (kN)	B_{EXP} (N/mm)	B_{FE} (N/mm)	$\frac{P_{u,FE}}{P_{u,EXP}}$	$\frac{B_{FE}}{B_{EXP}}$
				L (mm)	h (mm)	b (mm)	f_{cm} (MPa)	$f_{y,sb}$ (MPa)							
CSB1[20]	310UB40		0	8000	125	2000	26.1	332	0.79	227	246	46267	56535	1.084	1.222
SRCB-120-1-20a[14]	I20a	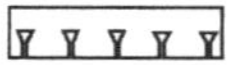	100	3000	120	820	55.9	298	0.33	228	230	17292	14307	1.009	0.827
SRCB-120-2-20a[14]	I20a	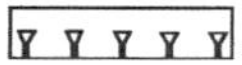	100	3000	120	820	55.9	298	0.48	252	248	14085	13955	0.984	0.991
SRCB-120-3-20a[14]	I20a	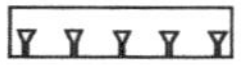	100	3000	120	820	55.9	298	0.48	272	288	11854	14180	1.059	1.196
SRCB-150-3-20a[14]	I20a	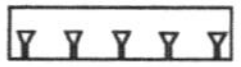	100	3000	150	820	55.9	298	0.48	322	318	22376	17638	0.988	0.788
SRCB-150-3-25a[14]	I25a	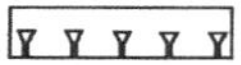	100	3000	150	820	55.9	298	0.48	470	462	22348	26519	0.983	1.187
SCB-120-3-20a[14]	I20a	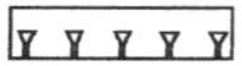	0	3000	120	820	65.8	291	0.38	274	304	15614	14310	1.109	0.916
SCB-150-3-20a[14]	I20a	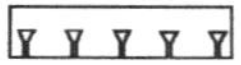	0	3000	120	820	65.8	291	0.48	310	316	22165	17899	1.019	0.808
CB1[117]	360UB44		0	8050	130	2000	26.4	310	0.27	365	364	54895	56703	1.003	1.033
CB2[117]	410UB54		0	8050	130	2000	25.6	341	0.30	530	531	103913	87210	1.002	0.839
SB1[118]	I20a		0	3900	105	800	34.9	291	0.47	174	172	26015	25670	0.989	0.987
SB2[118]	I20a		0	3900	105	800	37.8	291	0.67	213	204	25709	25350	0.958	0.986
SB3[118]	I20a		0	3900	105	800	34.8	291	0.67	195	194	28413	24922	0.995	0.877
SB4[118]	I20a		0	3900	105	800	34.7	291	0.32	145	165	24913	25413	1.138	1.020
SB5[118]	I20a	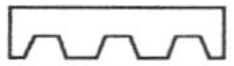	0	3900	105	800	34.3	291	0.45	161	185	27771	24158	1.149	0.870
均值														1.031	0.970
标准差														0.059	0.138

注：$f_{y,sb}$为钢梁的屈服强度；$P_{u,EXP}$为组合梁的极限承载力试验值；$P_{u,FE}$为组合梁的极限承载力有限元模拟值；B_{EXP}和B_{FE}分别为组合梁刚度试验结果和有限元结果。

分别为 120mm、150mm。图 5.14 为两试件有限元与试验结果对比。可以发现，试件 SCB-120-3-20a 与 SCB-150-3-20a 极限承载力的试验结果分别为 274kN 和 304kN，有限元结果分别为 304kN 和 316kN，两试件极限承载力有限元与试验结果对比，二者分别相差 10.9%和 3.9%；试件 SCB-120-3-20a 与 SCB-150-3-20a 刚度的试验结果分别为 15614kN・m^2 和 22165kN・m^2，有限元结果分别为 14310N/mm 和 17899N/mm，两试件刚度有限元与试验结果对比，二者分别相差 8.4%和 19.2%。由对比结果可知，本章建立的有限元模型可较好地预测采用钢-普通混凝土闭口型组合楼板组合梁的受弯性能。

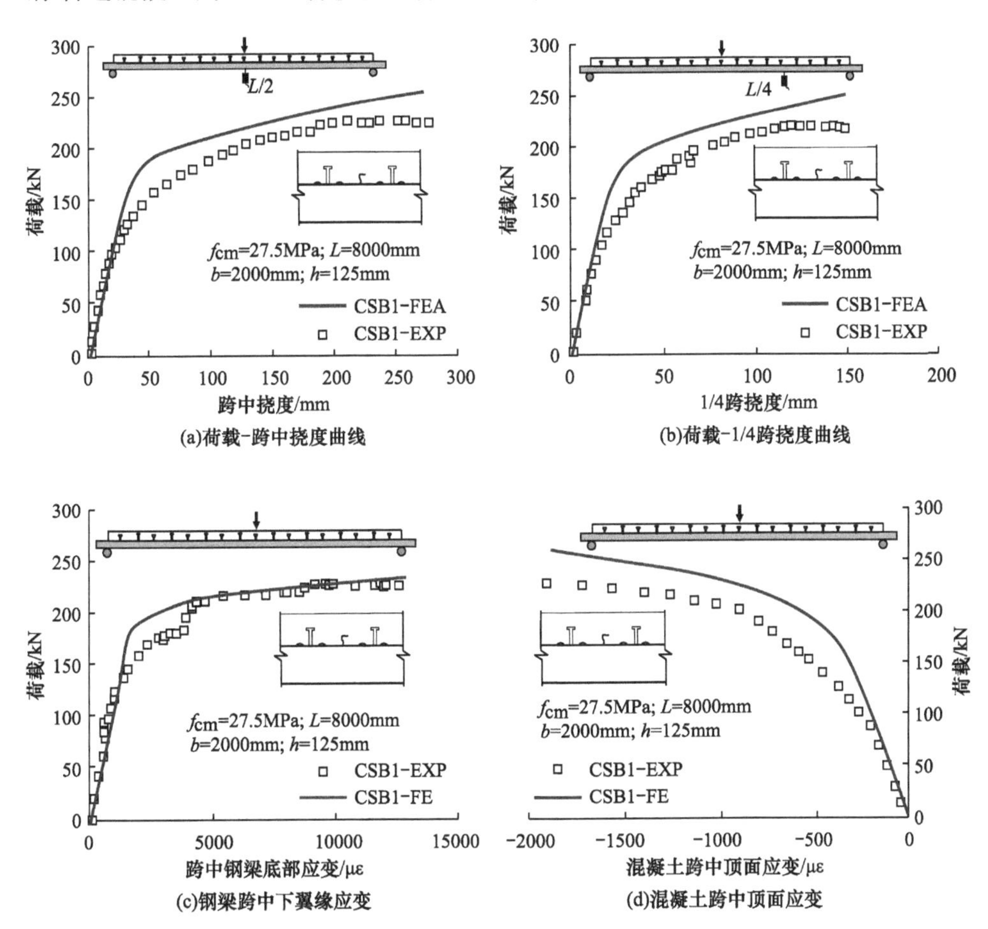

图 5.13　钢-普通混凝土闭口型（Condeck HP）组合板组合梁试验与有限元结果对比

（2）采用开口型组合板的组合梁

文献［117］中两组试件楼板采用开口型压型钢板（Corus ComFlor 78）-混凝土组合楼板，两试件的主要试验参数为抗剪连接度（0.3、0.27）与钢梁型号（360UB44、410UB54）。图 5.15 为 CB1 与 CB2 荷载-位移曲线的有限元与试验结

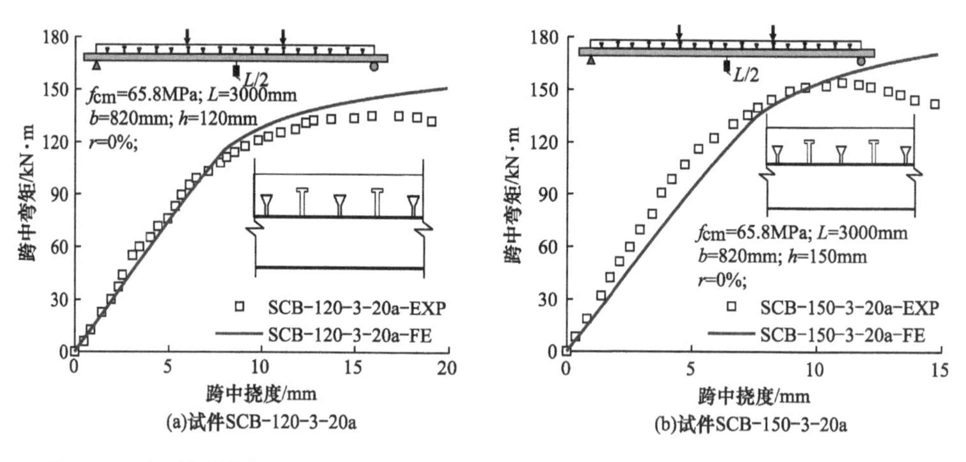

图 5. 14 钢-普通混凝土闭口型（DW66-240-720）组合板组合梁试验与有限元结果对比

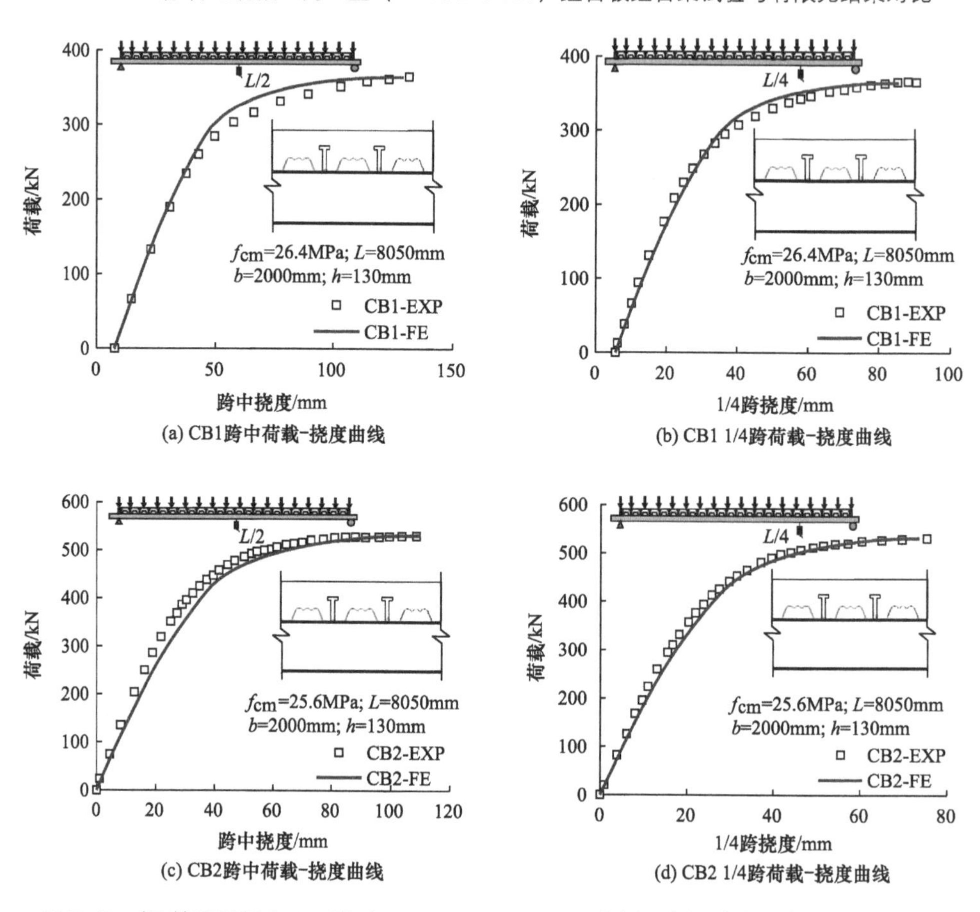

图 5. 15 钢-普通混凝土开口型（Corus ComFlor 78）组合板组合梁试验与有限元结果对比

果对比。由结果可知，本章建立的有限元模型能较好地预测采用钢-混凝土组合楼板（Corus ComFlor 78）组合梁的受弯性能。具体而言，试件 CB1 与 CB2 的极限承载力试验结果分别为 365kN 和 530kN，有限元结果分别为 364kN 和 531kN，CB1 与 CB2 极限承载力有限元与试验结果相比，二者仅分别相差 0.3% 和 0.2%；1/4 跨荷载-挠度曲线有限元与试验结果相比，二者分别最大相差 3.8%和 6.7%；试件 CB1 与 CB2 刚度的试验结果分别为 54895N/mm 和 103913N/mm，有限元结果分别为 56703kN·m^2 和 87210kN·m^2，两试件刚度有限元与试验结果对比，二者分别相差 3.3%和 16.1%。

文献［118］通过试件 SB1～SB5 对组合梁的抗弯性能进行了试验研究，楼板采用开口型压型钢板（YX60-200-600）-混凝土组合板，5 个试件的参数变量主要为抗剪连接度（0.32～0.67）与压型钢板的安装方式。具体而言，通过改变栓钉的数目及排列方式来改变组合梁的抗剪连接度；压型钢板的安装方式分两种，分别为压型钢板宽肋在楼板底部和压型钢板窄肋在楼板底部。图 5.16 为组合梁荷载-位移曲线的有限元与试验结果对比。可以发现，SB1～SB5 的极限承载

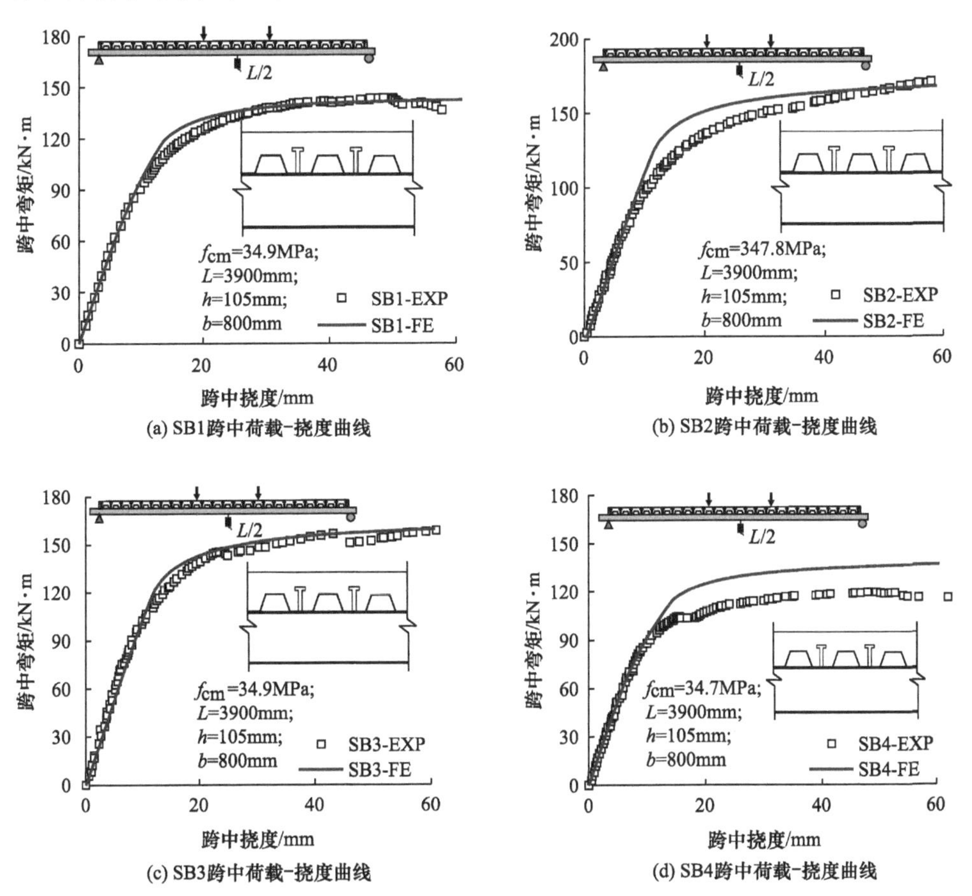

图 5.16　钢-普通混凝土开口型（YX60-200-600）组合板组合梁试验与有限元结果对比（一）

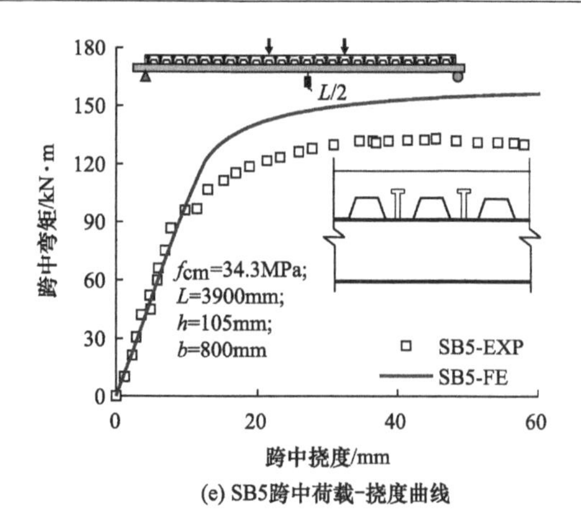

(e) SB5跨中荷载-挠度曲线

图 5.16 钢-普通混凝土开口型（YX60-200-600）组合板组合梁试验与有限元结果对比（二）

力有限元与试验结果相比，二者相差 0.5%～14.9%；SB1～SB5 的刚度有限元与试验结果相比，二者相差 1.3%～13.0%。由对比结果可知，本章建立的有限元模型能较好地预测采用钢-普通混凝土开口组合楼板组合梁的受弯性能。

2. 钢-再生混凝土组合梁（$r=100\%$）

文献［14］对钢-再生混凝土组合梁进行了试验研究，其中，再生混凝土的再生粗骨料取代率为 100%，试验的主要参数包括抗剪连接度（0.33、0.48）、楼板板厚（120mm、150mm）、钢梁型号（I20a、I50a）。图 5.17 为组合梁荷载-挠度曲线的有限元与试验结果对比。由对比结果可知，本章建立的有限模型能较好地预测钢-再生混凝土组合梁的受弯性能。具体而言，文献［14］中 5 个再生混凝土组合梁的极限承载力有限元与试验结果相比，仅差 0.9%～5.9%；荷载-位移曲线有限元与试验结果相差 3.3%～14.7%；刚度有限元与试验结果相比，二者相差 0.9%～21.2%。

表 5.4 列举了 15 组组合梁极限承载力与刚度的试验与有限元结果对比，可以发现，极限承载力的有限元与试验结果的比值，均值和标准差分别为 1.031 和 0.059；组合梁短期刚度的有限元与试验结果的比值，均值和标准差分别为 0.970 和 0.138。上述结果可以表明，本章有限元模型可以较好地预测组合梁的受弯性能。

5.3.4 钢-混凝土组合梁短期推出试验验证

组合梁的抗剪连接件是保证组合梁中楼板与钢梁协同工作的关键部件，为了验证钢-混凝土组合梁连接件抗剪性能，本章对文献［78］、［119］的钢-混凝土组合梁推出试验进行了有限元研究，由于推出试件为两边对称（图 5.18(a)），为了提高计算效率，本文沿组合梁对称面建立了半模型（图 5.18(b)），试验参数见表 5.5。

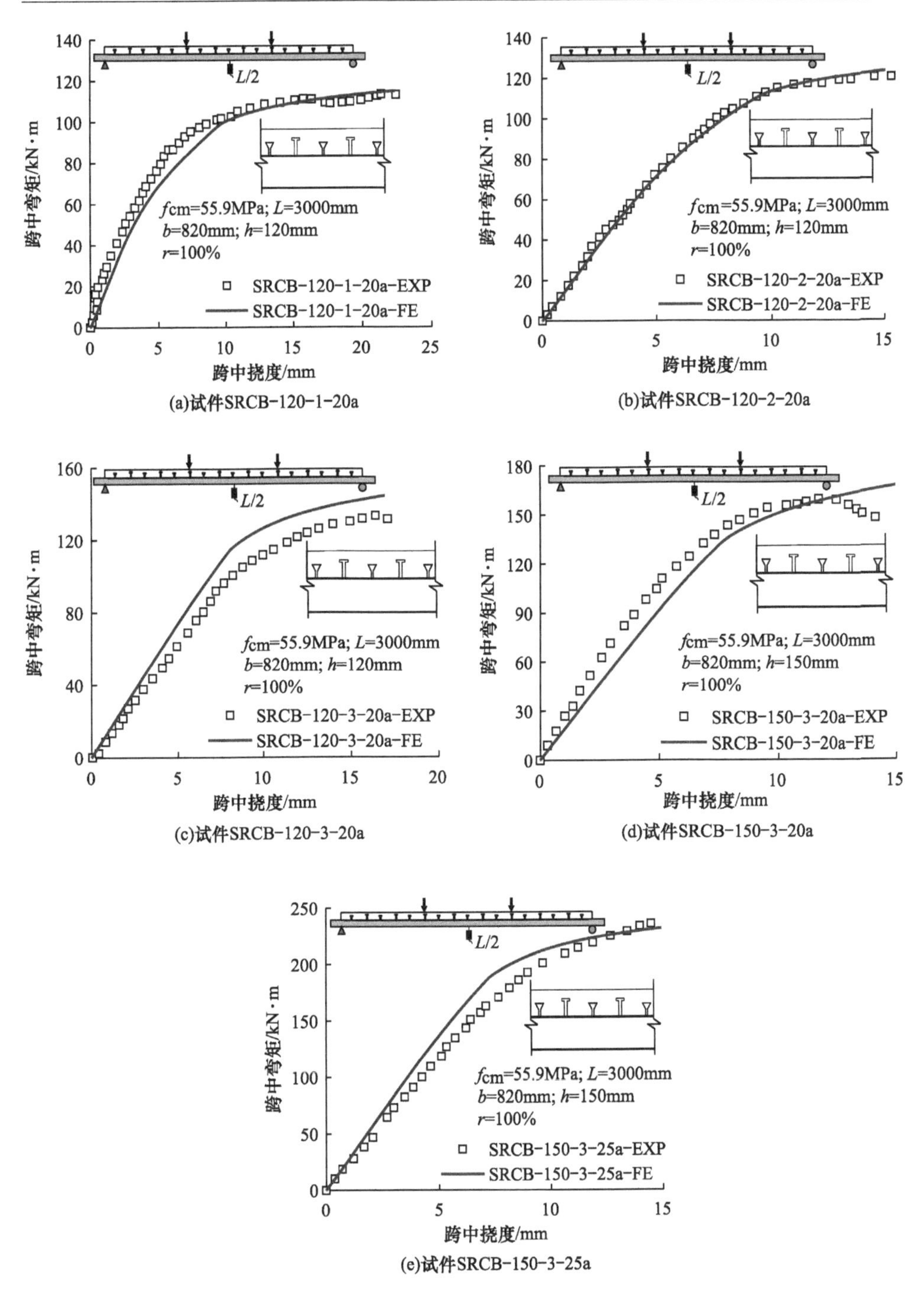

图 5.17 钢-再生混凝组合梁试验与有限元结果对比

图 5.19 为有限元与文献［78］、［119］组合梁推出试验结果对比。由对比结

果可知，本章建立的有限模型能较好地预测钢-混凝土组合梁连接件的抗剪性能。具体而言，PT01、SP4 极限承载力的试验结果分别为 112kN 和 102kN，有限元结果分别为 133kN 和 106kN，两试件的有限元与试验结果相比，分别相差 18.8%和 3.9%。

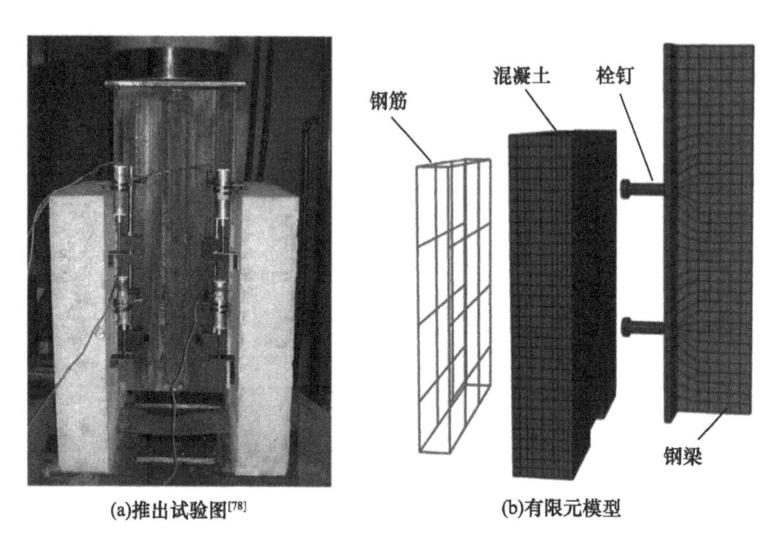

图 5.18 钢-混凝土组合梁推出试验与有限元模型

钢-混凝土组合梁推出试验参数与主要结果 **表 5.5**

文献来源	试件名称	钢梁型号	楼板尺寸			材料力学性能		$P_{u,EXP}$ (kN)	$P_{u,FEA}$ (kN)	$\frac{P_{u,FEA}}{P_{u,EXP}}$
			L (mm)	h (mm)	b (mm)	f_{cm} (MPa)	$f_{y,sb}$ (MPa)			
[78]	PT01	310UB40	650	125	600	27.7	324	112	133	1.188
[119]	SP4	254×254UC73	469	150	619	35	275	102	106	1.039

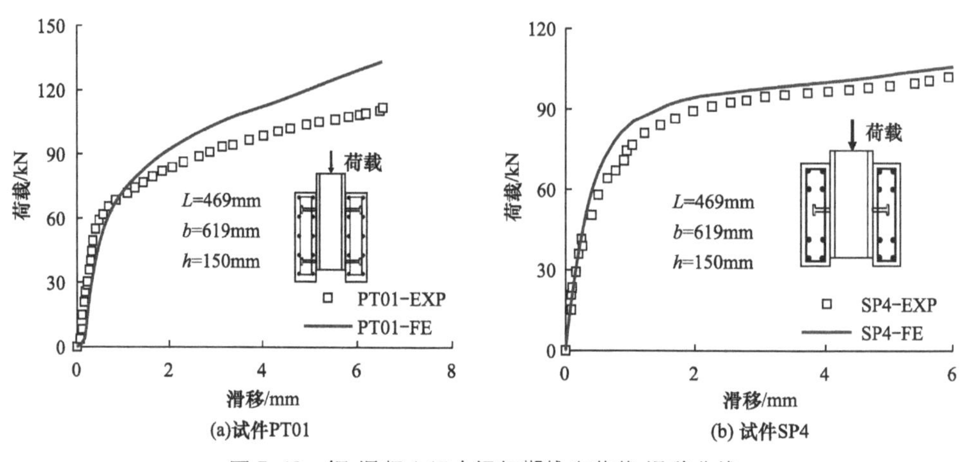

图 5.19 钢-混凝土组合梁短期推出荷载-滑移曲线

5.4　本章小结

本章采用 ABAQUS 软件，建立基于热-力耦合的钢-混凝土组合梁有限元模型，模型可考虑混凝土开裂、均匀/非均匀收缩、均匀/非均匀徐变及界面相对滑移的耦合影响。基于所建立的钢-混凝土组合梁有限元模型，对国内外典型的组合梁试验进行了有限元模拟，并将有限元结果与试验结果对比，验证了有限元模型的可靠性。通过本章的研究，主要得到以下结论：

（1）组合梁长期总挠度有限元与试验结果比值的均值和标准差分别为 1.035 和 0.060；长期附加挠度（长期挠度扣除瞬时挠度）的有限元与试验结果比值的均值和标准差分别为 1.068 和 0.041；长期滑移的有限元与试验结果相比，二者相差 4.8%～122%。本章有限元模型可以较好地预测组合梁的长期性能。

（2）组合梁短期刚度有限元与试验结果比值的均值和标准差分别为 0.970 和 0.138；极限承载力有限元与试验结果比值的均值和标准差分别为 1.031 和 0.059；短期滑移的有限元与试验结果相比，二者相差 3.9%～18.8%。本章有限元模型可以较好地预测组合梁的受弯性能。

第6章

钢-再生混凝土组合梁有限元参数分析及设计方法

6.1 引言

钢-再生混凝土组合梁长期性能受多因素的影响，如混凝土的开裂、收缩、徐变及组合梁界面相对滑移等，各因素的耦合作用使组合梁时效性能劣化机理复杂。由于组合梁长期性能的试验研究实际操作成本较高，因此本章基于已验证的有限元模型进行系统的参数分析，并量化各参数对钢-再生混凝土组合梁长期性能的影响；基于有限元分析结果，建立简支边界条件下考虑混凝土均匀/非均匀收缩、均匀/非均匀徐变及界面相对滑移耦合作用下的组合梁长期挠度计算方法。

6.2 钢-再生混凝土组合梁长期性能参数分析

6.2.1 参数选择

钢-再生混凝土组合梁采用简支条件，混凝土强度为C30、钢材强度为Q345、钢梁型号为310UB40，持荷时间为50a，组合梁的纵向受压钢筋与横向分布钢筋均为Φ12@200，组合梁的长期有限元分析值包括荷载瞬时作用下的瞬时响应及50a长期附加响应。分析参数主要包括再生粗骨料取代率（r）、楼板类型、楼板厚度（h）、组合梁跨度（L）、长期均布荷载（P）和环境相对湿度（R_H），具体参数及取值范围见表6.1。

有限元分析主要参数及范围　　表6.1

参数	取值范围
r（%）	0、50、100
h（mm）	120、135、150
L（mm）	4000、6000、8000

续表

参数	取值范围
P（kN/m）	$0.1P_u$、$0.2P_u$、$0.3P_u$
R_H（%）	30、50、70
楼板类型	开口型组合板（YX60-200-600）、闭口型组合板（Condeck HP）、钢筋桁架楼承板、钢筋混凝土板

注：P_u 为组合梁顶面混凝土达到抗压强度时的瞬时荷载值。

6.2.2 再生粗骨料取代率的影响

本章分析了再生粗骨料取代率对钢-混凝土组合梁长期性能的影响，楼板的形式包括开口型压型钢板组合板、闭口型压型钢板组合板和钢筋混凝土板，三种组合梁的计算跨度为 8000mm，楼板厚度为 120mm，楼板宽度为 2000mm，长期均布荷载为 $0.2P_u$，环境相对湿度为 50%。其中开口型压型钢板型号为 YX60-200-600，闭口型压型钢板型号为 Condeck HP，两种压型钢板的厚度均为 1mm，钢筋混凝土板配筋率为 0.94%。

1. 再生粗骨料取代率对组合梁长期挠度的影响

图 6.1 分析了再生粗骨料取代率对组合梁长期挠度的影响。可以发现，钢-混凝土组合梁的长期挠度随着再生粗骨料取代率的增加而增加，以采用开口型组合楼板的组合梁为例，与普通混凝土试件相比，再生粗骨料取代率为 50% 和 100% 时，组合梁的长期挠度分别增大 9.9% 和 16.1%。分析原因，与普通混凝土相比，再生混凝土的再生粗骨料附着残余砂浆，长期荷载下再生混凝土的收缩徐变随着再生粗骨料取代率的增大而增大，因此，钢-混凝土组合梁长期挠度随再生粗骨料取代率的增加而增加。

对于持荷 50a 的组合梁，本章参数范围内，由混凝土的收缩、徐变及组合梁界面滑移引起的长期附加挠度占组合梁长期挠度的 21.6%～61.5%，该比值充分表明，混凝土的收缩、徐变及组合梁界面相对滑移对组合梁长期挠度影响显著，在组合梁的设计中应当着重考虑。

2. 再生粗骨料取代率对组合梁中混凝土长期应力的影响

图 6.2 为长期荷载下组合梁中混凝土应力随时间变化的计算结果。可以发现，组合梁中混凝土在瞬时荷载作用下呈受压状态，但随着持荷时间的增长，混凝土压应力逐渐减小。分析原因，一方面混凝土收缩作用使混凝土产生拉应力，混凝土收缩随着时间的推移不断增大，使混凝土压应力减小；另一方面混凝土徐变作用使混凝土应力逐渐转移至钢梁，即组合梁应力重分布，使混凝土压应力减小。组合梁楼板混凝土的长期应力随着再生粗骨料取代率的增加而减小，以采用闭口型组合楼板的组合梁为例，与普通混凝土试

件相比，再生粗骨料取代率50%和100%时，组合梁中混凝土的应力分别降低35.4%和79.1%，这是由于混凝土的收缩徐变随着再生粗骨料取代率的增大而增大。

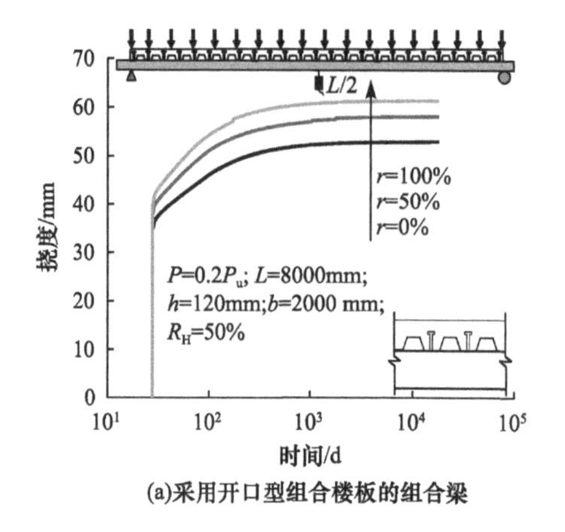

(a)采用开口型组合楼板的组合梁

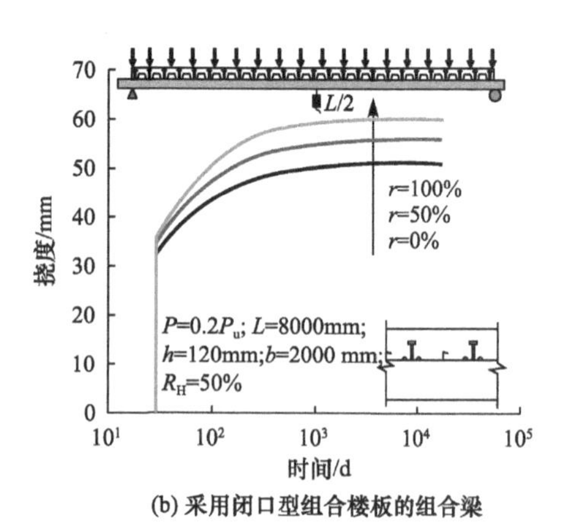

(b) 采用闭口型组合楼板的组合梁

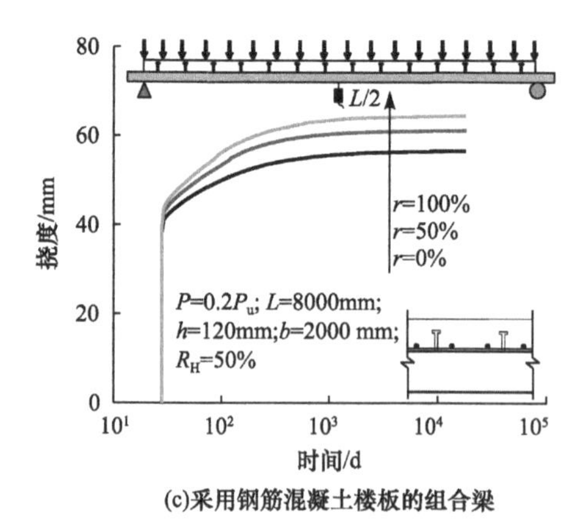

(c)采用钢筋混凝土楼板的组合梁

图 6.1　再生粗骨料取代率对组合梁长期挠度的影响

3. 再生粗骨料取代率的对组合梁中钢梁长期应力的影响

图 6.3 分析了再生粗骨料取代率对组合梁中钢梁长期应力的影响。可以发现，组合梁中钢梁的长期应力随着再生粗骨料的增加而增加。以采用钢筋混凝土楼板的组合梁为例，与普通混凝土试件相比，混凝土再生粗骨料取代率为50%和100%时，组合梁中钢梁长期应力分别增大5.1%和8.5%。分析原因，再生混凝土收缩徐变随着再生粗骨料取代率的增大而增大，混凝土收缩徐变作用使组合梁的变形增大。因此，钢梁的应力随着再生粗骨料取代率的增加而增大。

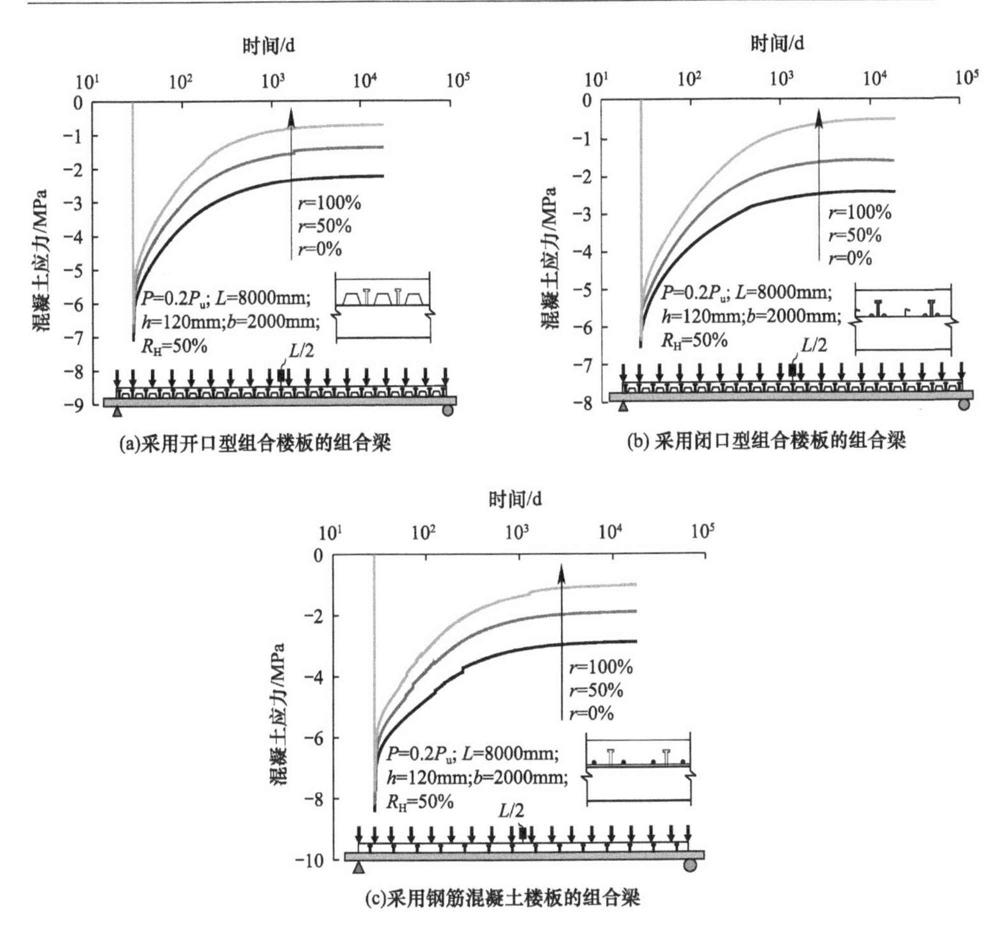

图 6.2　再生粗骨料取代率对组合梁中混凝土长期应力的影响

4. 再生粗骨料取代率对组合梁长期界面相对滑移的影响

图 6.4 分析了再生粗骨料取代率对组合梁长期界面相对滑移的影响。可以发现，组合梁长期界面相对滑移随再生粗骨料取代率的增加而增加。以采用开口型组合楼板的组合梁为例，与普通混凝土试件相比，混凝土再生粗骨料取代率 50%和 100%时，组合梁界面相对滑移分别增大 25.2%和 40.3%。分析原因，组合梁界面相对滑移主要是抗剪连接件附近混凝土压缩导致，混凝土的抗拉强度及弹性模量随着再生粗骨料取代率的增加而减小，在长期荷载作用下，混凝土的变形增大。因此，组合梁界面相对滑移随着再生粗骨料取代率的增大而增大。

6.2.3　楼板类型的影响

为研究组合梁楼板类型的影响，本章对采用钢筋桁架楼承板与采用钢筋混凝土楼板的组合梁长期性能进行对比，参数分析中组合梁的计算跨度为 8000mm，楼板厚度为 120mm，楼板宽度为 2000mm，组合梁长期均布荷载为 $0.2P_u$，环境的相对湿度为 50%。其中钢筋桁架楼承板底部钢板厚度为 1mm，钢筋混凝土楼板的配筋率为 0.94%，为了更直观地对比不同楼板类型对钢-混凝土组合梁长期性能的影响，本节对两种楼板形式组合梁的长期附加结果进行对比。

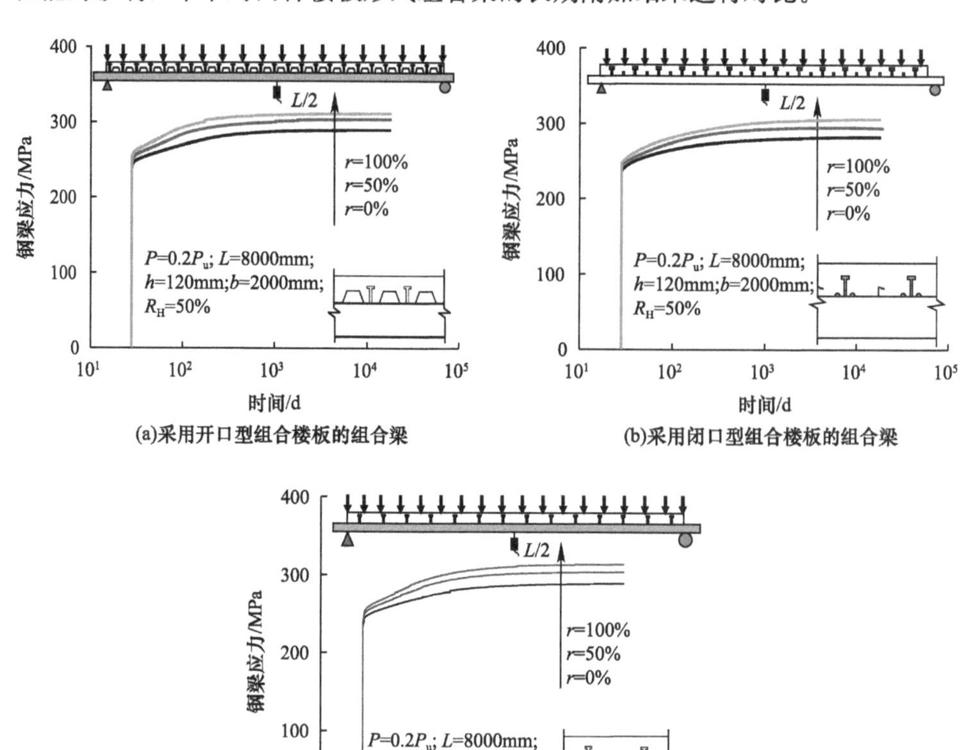

图 6.3 再生粗骨料取代率对组合梁中钢梁长期应力的影响

1. 楼板类型对组合梁长期附加挠度的影响

图 6.5 分析了楼板类型与再生粗骨料取代率对组合梁长期附加挠度的影响。可以发现，采用两种楼板形式的组合梁长期附加挠度均随着再生粗骨料取代率的增加而增加，但是相同取代率下，与采用钢筋桁架楼承板的组合梁相比，采用钢筋混凝土楼板的组合梁长期附加挠度较大。以再生粗骨料取代率为 100%的试件为例，与采用钢筋桁架楼承板的组合梁相比，采用钢筋混凝土楼板的组合梁长期附加挠度增加 10.3%。分析原因，混凝土的收缩徐变随着再生粗骨料取代率的增加而增加，组合梁的长期附加挠度随着混凝土收缩徐变增加而增大；对于采用钢筋桁架楼承板的组合梁，由于楼板底部钢板的密闭性，楼板上下表面的湿度单

向传导，混凝土沿组合楼板截面高度方向非均匀收缩；对于采用钢筋混凝土楼板的组合梁，钢筋混凝土楼板上下表面的混凝土均与外界直接接触，沿楼板高度方向为均匀收缩；与均匀收缩相比，非均匀收缩的楼板截面收缩作用较小。因此，与采用钢筋桁架楼承板的组合梁相比，采用钢筋混凝土楼板的组合梁长期附加挠度较大。

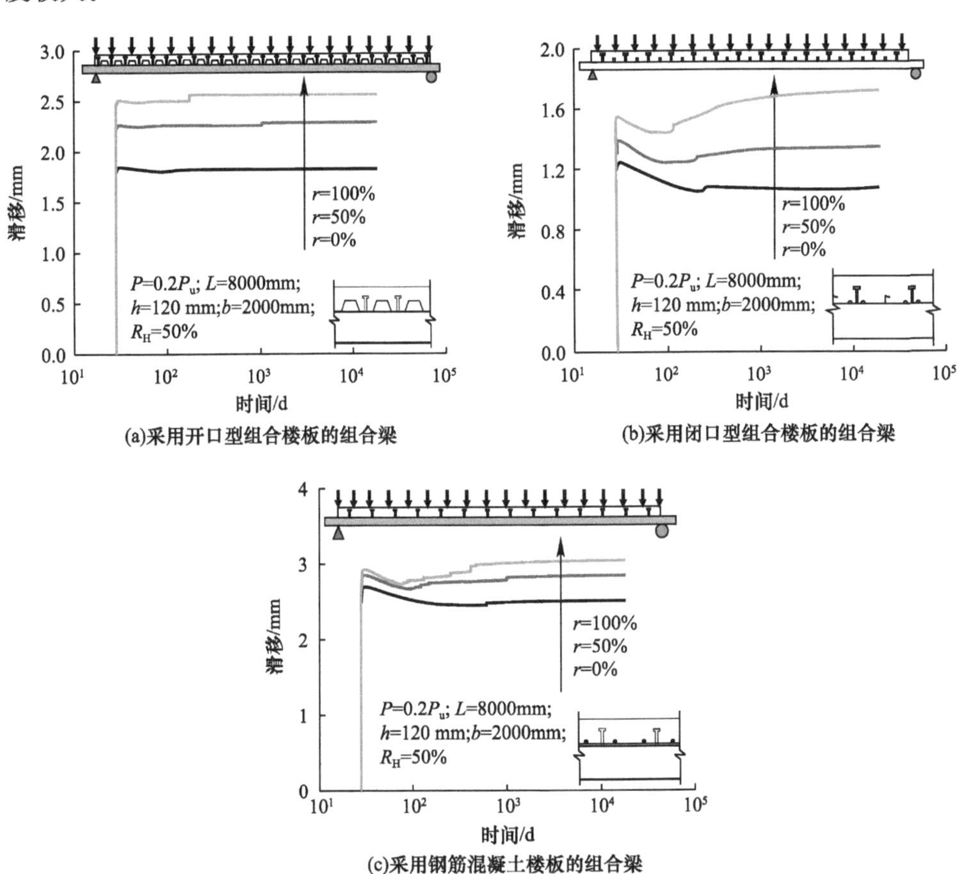

图 6.4　再生粗骨料取代率对组合梁长期界面相对滑移的影响

2. 楼板类型对组合梁中混凝土长期附加应力的影响

图 6.6 分析了楼板类型与再生粗骨料取代率对组合梁楼板顶面混凝土长期附加应力的影响。可以发现，采用两种楼板形式的组合梁中混凝土长期附加应力均随着再生粗骨料取代率的增加而增加，但相同取代率下，与采用钢筋桁架楼承板的组合梁相比，采用钢筋混凝土楼板的组合梁中混凝土长期附加应力较小。例如，与采用钢筋普通混凝土楼板的组合梁相比，采用钢筋桁架普通混凝土楼承板组合梁中混凝土长期附加应力增加 26.1%。分析原因，混凝土的收缩随着再生粗骨料取代率的增大而增大；对于采用钢筋桁架楼承板的组合梁，

混凝土沿组合楼板界面高度方向非均匀收缩；对于采用钢筋混凝土楼板的组合梁，钢筋混凝土楼板上下表面的混凝土均与外界直接接触，沿楼板高度方向为均匀收缩；与均匀收缩相比，非均匀收缩的楼板顶面混凝土收缩较大。因此，与采用钢筋混凝土楼板的组合梁相比，采用钢筋桁架楼承板的组合梁楼板顶面混凝土长期附加应力较大。

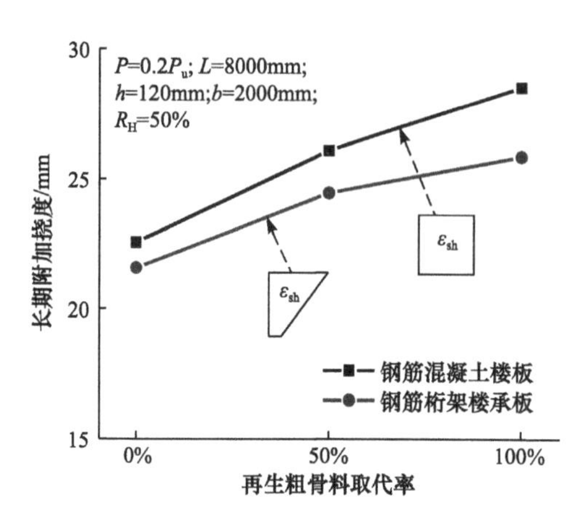

图6.5　楼板类型对组合梁长期附加挠度的影响

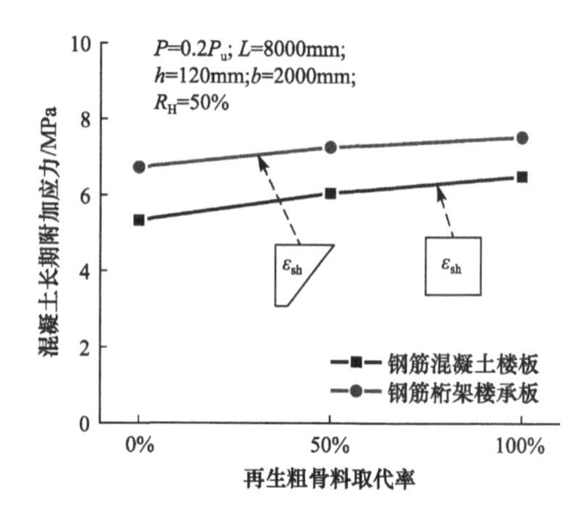

图6.6　楼板类型对组合梁中混凝土长期附加应力的影响

3. 楼板类型对组合梁中钢梁长期附加应力的影响

图6.7分析了楼板类型与再生粗骨料取代率对组合梁中钢梁长期附加应力的影响，可以发现，两种楼板形式组合梁的钢梁底面长期附加应力均随着再生粗骨料取代率的增加而增加，但是增加的幅度不同。与采用钢筋桁架楼承板的组合梁相比，采用钢筋混凝土楼板的组合梁中钢梁长期附加应力增幅较大。具体而言：对于采用钢筋桁架楼承板的组合梁，与普通混凝土试件相比，再生粗骨料取代率为50％和100％时，组合梁钢梁底面长期附加应力增加12.5％和20.2％；对于采用钢筋混凝土楼板的组合梁，与普通混凝土试件相比，再生粗骨料取代率为50％和100％时，组合梁钢梁底面长期附加应力增加17.2％和28.8％。

4. 楼板类型对组合梁长期附加界面相对滑移的影响

图6.8分析了楼板类型与再生粗骨料取代率对组合梁长期附加界面相对滑移的影响。可以发现，两种楼板形式组合梁长期附加界面相对滑移均随着再生粗骨料取代率的增加而增加，但相同再生粗骨料取代率下，与采用钢筋桁架楼承板的组合梁相比，采用钢筋混凝土楼板的组合梁长期附加界面相对滑移较小。以再生粗骨料取代率100％的试件为例，与采用钢筋桁架楼承板的组合梁相比，采用钢筋混凝土楼板的组合梁长期附加界面相对滑移减小37.4％。

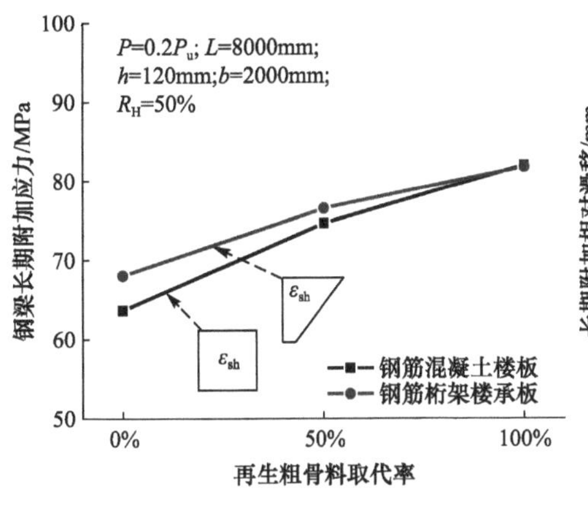

图 6.7　楼板类型对组合梁中钢梁长期附加应力的影响

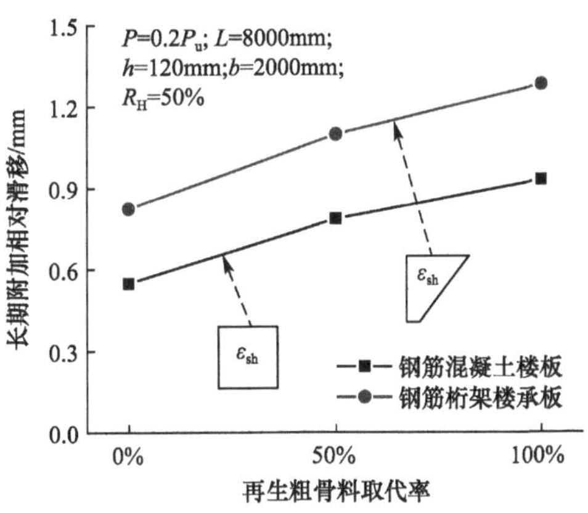

图 6.8　楼板类型对组合梁长期附加界面相对滑移的影响

6.2.4　楼板厚度的影响

本章通过两种不同组合楼板类型的组合梁研究楼板厚度对组合梁长期性能的影响。楼板类型包括开口型组合板、闭口型组合板，其中开口型压型钢板型号为 YX60-200-600，闭口型压型钢板型号为 Condeck HP，两种压型钢板的厚度均为 1mm，组合梁长期均布荷载为 $0.2P_u$，环境的相对湿度为 50%。参数分析中，楼板的厚度分别为 120mm、135mm、150mm。

1. 楼板厚度对组合梁长期挠度的影响

图 6.9 分析了楼板厚度与再生粗骨料取代率对组合梁长期挠度的影响。可以发现，相同再生粗骨料取代率下，组合梁的长期挠度随着楼板厚度的增加而减小。以采用开口型普通混凝土组合楼板的组合梁为例，与楼板厚度为 120mm 的试件相比，楼板厚度为 135mm 和 150mm 时，组合梁长期挠度分别减少 7.7%和

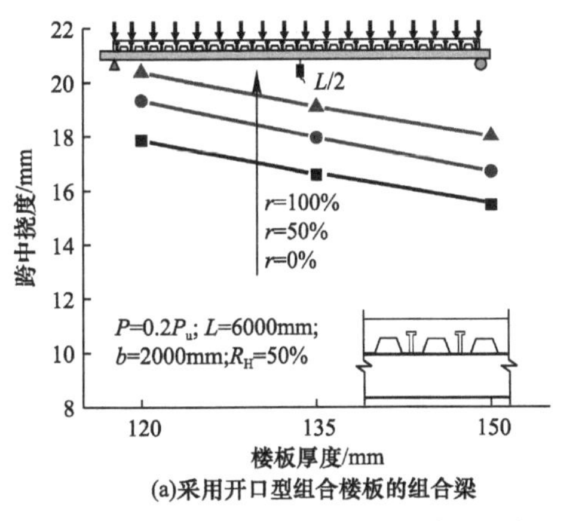

(a)采用开口型组合楼板的组合梁

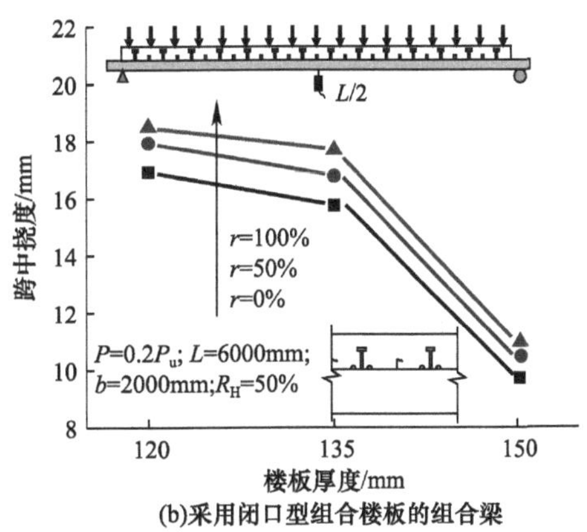

(b)采用闭口型组合楼板的组合梁

图 6.9　楼板厚度对组合梁长期挠度的影响

15.5%。分析原因，随着楼板厚度的增加，一方面组合梁的抗弯刚度增大，另一方面组合梁混凝土的收缩徐变减小。因此，组合梁的长期挠度随着楼板厚度的增加而减小。

2. 楼板厚度对组合梁中混凝土长期应力的影响

图 6.10 分析了楼板厚度与再生粗骨料取代率对组合梁中混凝土长期应力的影响。研究结果表明，50a 时，相同再生粗骨料取代率下，采用两种组合楼板组合梁中混凝土长期应力随着楼板厚度的增加而减小。以采用开口型普通混凝土组合楼板的组合梁为例，与楼板厚度为 120mm 的组合梁相比，楼板厚度为 135mm 和 150mm 时，组合梁中混凝土长期应力分别减少 12.5%和 24.6%。这是因为混凝土的收缩随着楼板厚度的增加而减小，混凝土的收缩使混凝土产生拉应力。因此，组合梁中混凝土的应力随着楼板厚度的增加而减小。

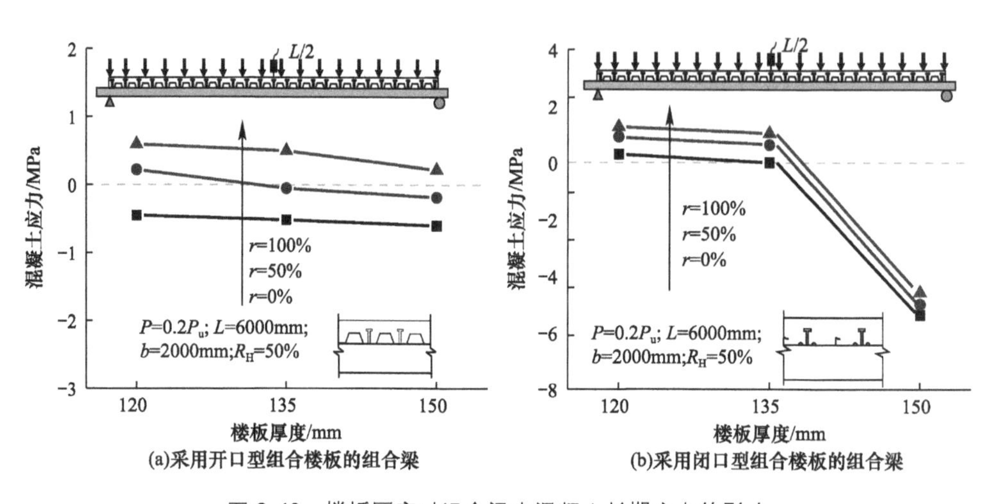

图 6.10　楼板厚度对组合梁中混凝土长期应力的影响

3. 楼板厚度对组合梁中钢梁长期应力的影响

图 6.11 分析了楼板厚度与再生粗骨料取代率对组合梁中钢梁长期应力的影响。研究结果表明，50a 时，相同再生粗骨料取代率下，采用两种组合楼板组合梁中钢梁长期应力随着楼板厚度的增加而减小。以采用开口型普通混凝土组合楼板的组合梁为例，与楼板厚度为 120mm 的组合梁相比，楼板厚度为 135mm 和 150mm 时，组合梁中钢梁长期应力减少 5.0%和 10.4%。这是因为随着楼板厚度的增加，一方面组合梁的抗弯刚度增大，组合梁的变形减少，另一方面混凝土的收缩徐变减小。因此，钢梁的应力随着楼板厚度的增加而减小。

4. 楼板厚度对组合梁长期界面相对滑移的影响

图 6.12 分析了楼板厚度与再生粗骨料取代率对组合梁长期界面相对滑移的影响。研究结果表明，50a 时，相同再生粗骨料取代率下，组合梁长期界面相对

滑移随着楼板厚度的增加而减小。以采用开口型普通混凝土组合楼板的组合梁为例，与楼板厚度为120mm的组合梁相比，楼板厚度为135mm和150mm时，组合梁长期界面相对滑移减少8.8%和10.7%。分析原因，随着楼板厚度的增加，一方面组合梁的抗弯刚度增大，组合梁的变形减小，另一方面组合梁长期界面相对滑移主要是由于抗剪连接件附近混凝土压缩导致，混凝土的收缩徐变变形随着楼板厚度的增加而减小，抗剪连接件附近混凝土压缩量减小。因此，组合梁界面滑移随着楼板厚度的增加而减小。

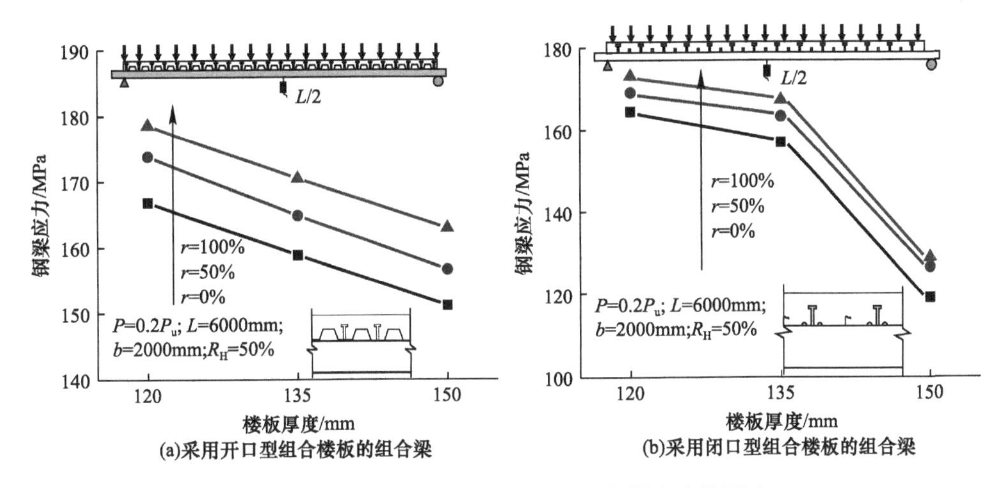

图6.11　楼板厚度对组合梁中钢梁长期应力的影响

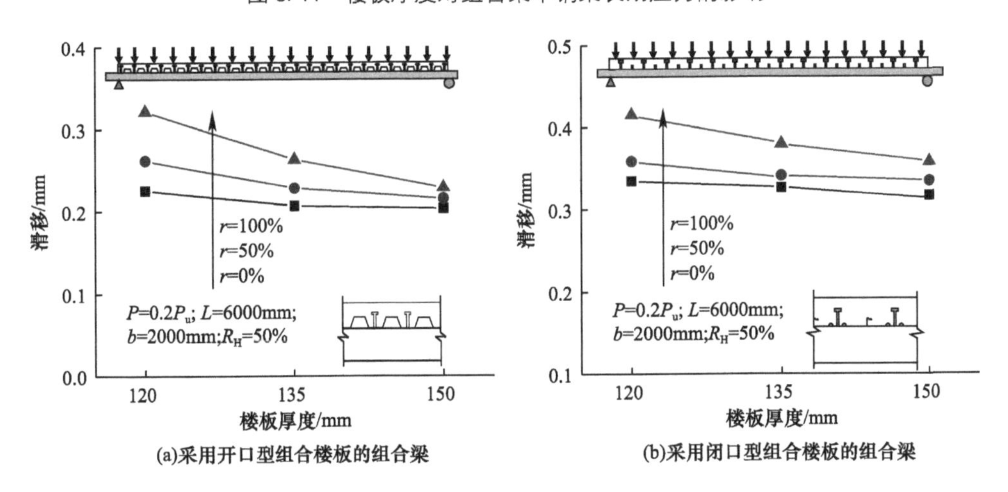

图6.12　楼板厚度对组合梁长期界面相对滑移的影响

6.2.5　组合梁跨度的影响

为研究组合梁跨度与再生粗骨料取代率对组合梁长期性能的影响，本章选用开口型、闭口型两种组合楼板形式的组合梁，组合梁的楼板厚度为 120mm，楼板宽度为 2000mm，长期均布荷载为 0.2P_u，环境的相对湿度为 50%。其中开口型压型钢板型号为 YX60-200-600，闭口型压型钢板型号为 Condeck HP，两种压型钢板的厚度均为 1mm。组合梁参数分析中，组合梁计算跨度分别为 4000mm、6000mm、8000mm。

1. 组合梁跨度对组合梁跨中长期挠度的影响

图 6.13 分析了组合梁跨度与再生粗骨料取代率对组合梁跨中长期挠度的影响。可以发现，50a 时，相同再生粗骨料取代率下，组合梁的长期挠度随着楼板跨度的增加而增加。以采用开口型普通混凝土组合楼板的组合梁为例，与跨度为 4000mm 的组合梁相比，跨度为 6000mm 和 8000mm 时，组合梁长期挠度增加 244.0%和 919.1%。这是因为，一方面组合梁的跨高比随着组合梁跨度增加而增大；另一方面混凝土的收缩徐变变形随着组合梁跨度的增大而增大。因此，组合梁的长期挠度随着楼板跨度的增加而增加。

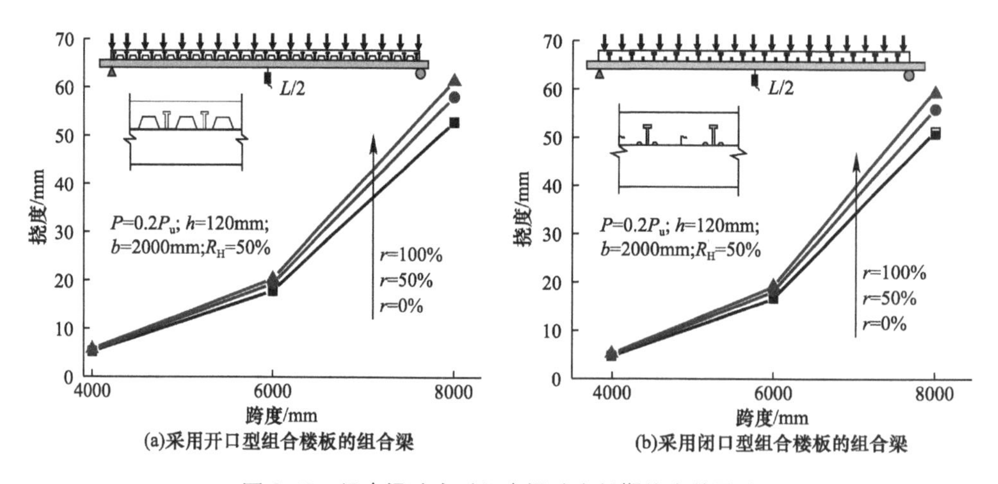

图 6.13　组合梁跨度对组合梁跨中长期挠度的影响

2. 组合梁跨度对组合梁中混凝土长期应力的影响

图 6.14 分析了组合梁跨度与再生粗骨料取代率对组合梁中混凝土长期应力的影响。可以发现，50a 时，相同再生粗骨料取代率下，混凝土长期应力随着组合梁跨度的增加而减小。以采用开口型普通混凝土组合楼板的组合梁为例，与组合梁跨度为 4000mm 的组合梁相比，组合梁跨度为 6000mm 和 8000mm 时，混凝土长期应力分别减少 1.4MPa 和 3.2MPa。这是由于混凝土的收缩使混凝土产生拉应力，但是随着组合梁跨度的增加，混凝土的开裂程度增大，减小了混凝土收缩的影响。因此，混凝土的应力随着组合梁跨度的增加而减小。

3. 组合梁跨度对组合梁中钢梁长期应力的影响

图 6.15 分析了组合梁跨度与再生粗骨料取代率对组合梁中钢梁长期应力的

影响。可以发现，50a 时，相同再生粗骨料取代率下，组合梁中钢梁长期应力随着楼板跨度的增加而增加。以采用闭口型普通混凝土组合楼板的组合梁为例，与组合梁跨度为 4000mm 的组合梁相比，组合梁跨度为 6000mm 和 8000mm 时，组合梁中钢梁长期应力增加 98.5%和 240.5%。分析原因，组合梁的跨高比随着组合梁跨度的增大而增大，致使组合梁的变形增大。因此，钢梁应力随着组合梁跨度的增大而增大。

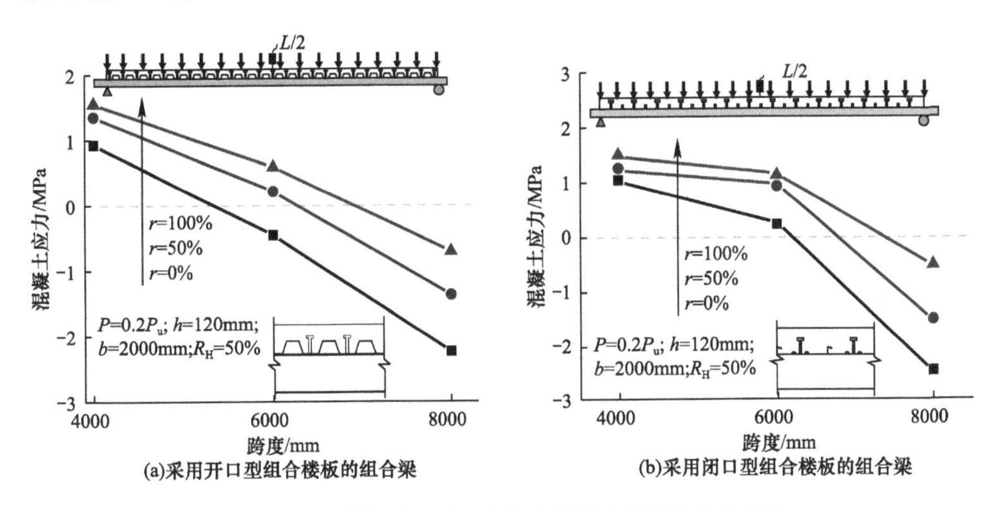

图 6.14　组合梁跨度对组合梁中混凝土长期应力的影响

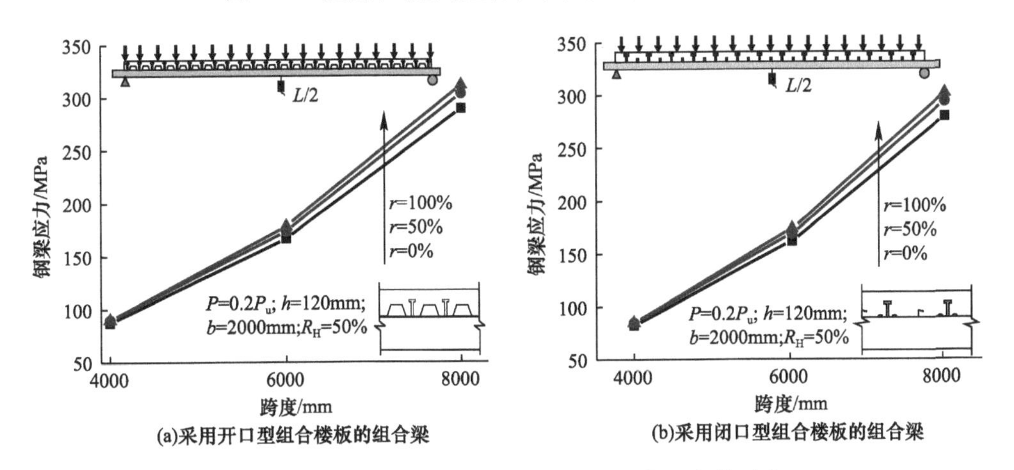

图 6.15　组合梁跨度对组合梁中钢梁长期应力的影响

4. 组合梁跨度对组合梁长期界面相对滑移的影响

图 6.16 分析了组合梁跨度与再生粗骨料取代率对组合梁长期界面相对滑移的影响。可以发现，50a 时，相同再生粗骨料取代率下，组合梁长期界面相对滑移随着楼板跨度的增加而增加。以采用开口型混凝土再生粗骨料取代率为 100%

组合楼板的组合梁为例，与组合梁跨度为 4000mm 的试件相比，组合梁跨度为 6000mm 和 8000mm 时，组合梁长期界面相对滑移分别增加 0.32mm 和 2.56mm。这是因为，组合梁界面相对滑移主要是由于抗剪连接件附近混凝土压缩导致，混凝土徐变随着组合梁跨度的增大而增大，组合梁界面相对滑移随着混凝土徐变的增大而增大。因此，组合梁长期界面相对滑移随着楼板跨度的增加而增加。

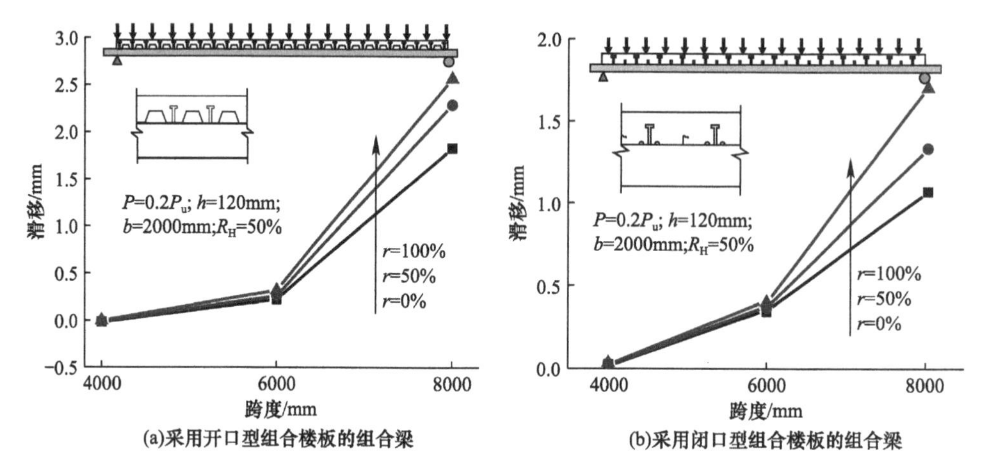

图 6.16　组合梁跨度对组合梁长期界面相对滑移的影响

6.2.6　长期荷载的影响

为研究组合梁长期荷载与再生粗骨料取代率对组合梁长期性能的影响，本章选用开口型、闭口型两种组合楼板形式的组合梁，两种组合梁的楼板厚度为 120mm，楼板宽度为 2000mm，环境的相对湿度为 50%。其中开口压型钢板型号为 YX60-200-600，闭口型压型钢板型号为 Condeck HP，两种压型钢板的厚度均为 1mm。组合梁参数分析中，长期均布荷载的大小分别为 $0.1P_u$、$0.2P_u$、$0.3P_u$，其中 P_u 为组合梁顶面混凝土达到抗压强度时的瞬时均布荷载值。

1. 长期荷载对组合梁跨中长期挠度的影响

图 6.17 分析了长期荷载与再生粗骨料取代率对组合梁长期挠度的影响。可以发现，50a 时，相同再生粗骨料取代率下，组合梁的长期挠度随着荷载的增大而增大。以采用开口型普通混凝土组合楼板的组合梁为例，与荷载为 $0.1P_u$ 的组合梁相比，荷载为 $0.2P_u$ 和 $0.3P_u$ 的组合梁长期挠度增加 50.8%和 107.4%。这是因为混凝土的开裂与徐变随着荷载的增大而增大，因此组合梁的长期挠度随着荷载的增大而增大。

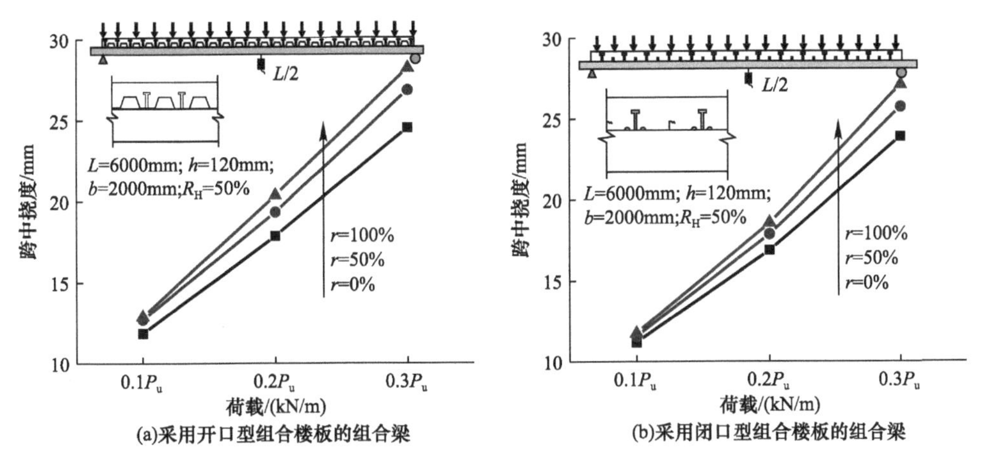

图 6.17　长期荷载对组合梁跨中长期挠度的影响

2. 长期荷载对组合梁中混凝土长期应力的影响

图 6.18 分析了荷载与再生粗骨料取代率对组合梁中混凝土长期应力的影响。可以发现，50a 时，相同再生粗骨料取代率下，混凝土底面长期应力随着荷载的增加而减小。以采用开口型普通混凝土组合楼板的组合梁为例，与荷载为 $0.1P_u$ 的组合梁相比，荷载为 $0.2P_u$ 和 $0.3P_u$ 的组合梁混凝土应力分别减少 1.1MPa 和 2.1MPa。分析原因，由于混凝土的收缩使混凝土产生拉应力，但是随着荷载的增加，混凝土的开裂程度增大，减小了混凝土收缩的影响。因此，楼板顶面混凝土的应力随着荷载的增加而减小。

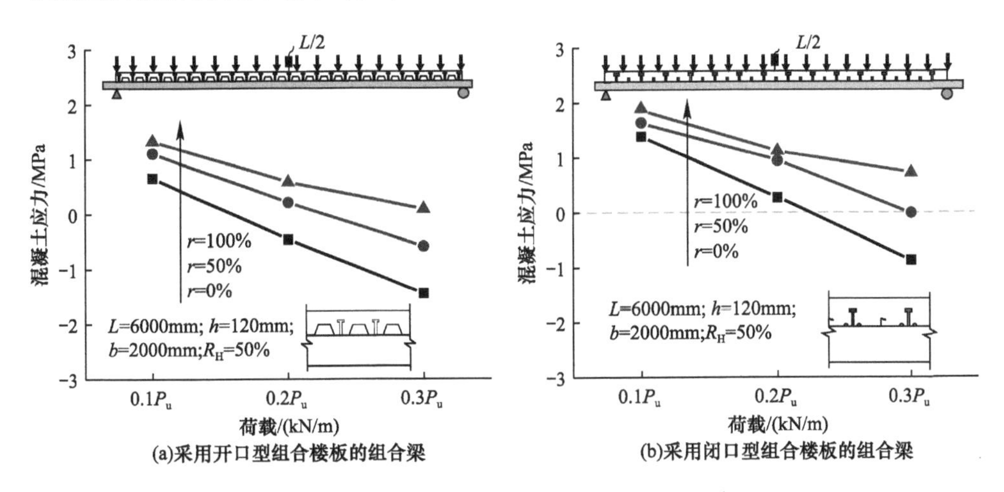

图 6.18　长期荷载对组合梁中混凝土长期应力的影响

3. 长期荷载对组合梁中钢梁长期应力的影响

图 6.19 分析了荷载与再生粗骨料取代率对组合梁中钢梁长期应力的影响。

研究结果表明，50a时，相同再生粗骨料取代率下，钢梁长期应力随着荷载的增加而增加。以采用开口型普通混凝土组合楼板的组合梁为例，与荷载为 $0.1P_u$ 的组合梁相比，荷载为 $0.2P_u$ 和 $0.3P_u$ 时，组合梁钢梁应力分别增加70.8%和140.1%。这是因为，长期荷载下，混凝土的收缩徐变作用使楼板应力逐渐转移至钢梁，即组合梁应力重分布，混凝土的收缩徐变随着荷载的增大而增大。因此，钢梁长期应力随着荷载的增加而增加。

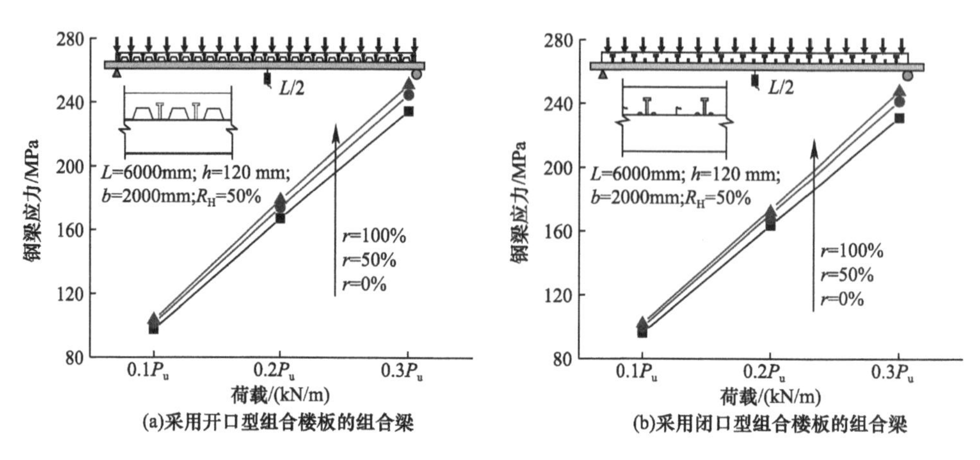

图6.19 长期荷载对组合梁中钢梁长期应力的影响

4. 长期荷载对组合梁长期界面相对滑移的影响

图6.20分析了长期荷载与再生粗骨料取代率对组合梁长期梁端界面相对滑移的影响。可以发现，50a时，相同再生粗骨料取代率下，组合梁长期界面相对滑移随着荷载的增加而增加。以采用开口型混凝土再生粗骨料取代率为100%的组合楼板的组合梁为例，与荷载为 $0.1P_u$ 的组合梁相比，荷载为 $0.2P_u$ 和 $0.3P_u$

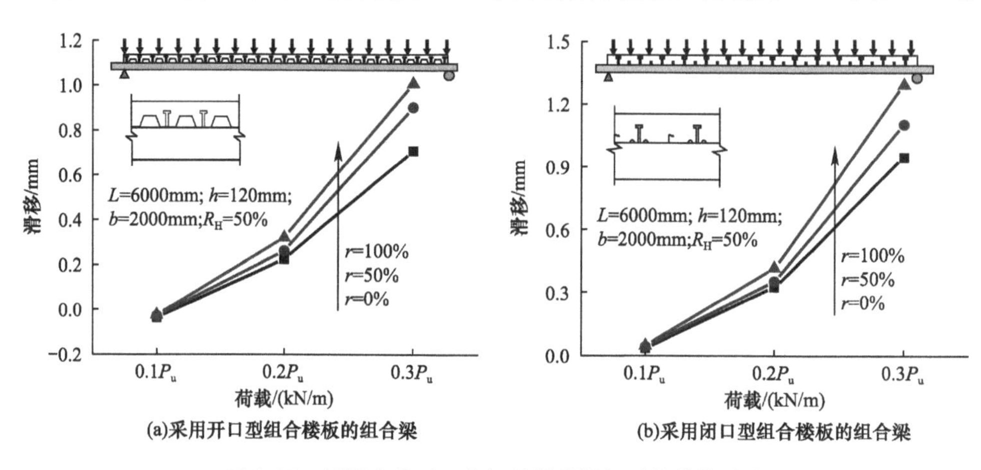

图6.20 长期荷载对组合梁长期界面相对滑移的影响

时，组合梁长期界面相对滑移分别增加 0.26mm 和 0.74mm。分析原因，组合梁的长期界面相对滑移主要是由于抗剪连接件附近混凝土的徐变及抗拉强度决定的，一方面，随着荷载的增大，混凝土的徐变增大，抗剪连接件附近混凝土徐变变形增大，另一方面，混凝土的开裂程度随着荷载的增大而增大。因此，钢-混凝土组合梁的长期界面相对滑移随着荷载的增加而增加。

6.2.7　环境相对湿度的影响

为研究环境相对湿度对组合梁长期性能的影响，本章选用开口型、闭口型两种组合楼板形式的组合梁进行分析，两种组合梁的楼板厚度为 120mm，楼板宽度为 2000mm，长期均布荷载为 $0.2P_u$。其中开口型压型钢板型号为 YX60-200-600，闭口型压型钢板型号为 Condeck HP，两种压型钢板的厚度均为 1mm。组合梁参数分析中，环境相对湿度分别为 30%、50%、70%。

1. 环境相对湿度对组合梁跨中长期挠度的影响

图 6.21 分析了环境相对湿度与再生粗骨料取代率对组合梁跨中长期挠度的影响。可以发现，50a 时，相同再生粗骨料取代率下，组合梁的长期挠度随着环境相对湿度的增加而减小，以采用开口型普通混凝土组合楼板的组合梁为例，与环境相对湿度为 30%的组合梁相比，环境相对湿度为 50%和 70%时，组合梁长期挠度减小 3.7%和 14.3%。分析原因，随着环境相对湿度的增加，混凝土的收缩和徐变均减小。因此，长期荷载下组合梁的长期挠度随着相对环境湿度的增加而减小。

(a)采用开口型组合楼板的组合梁

(b)采用闭口型组合楼板的组合梁

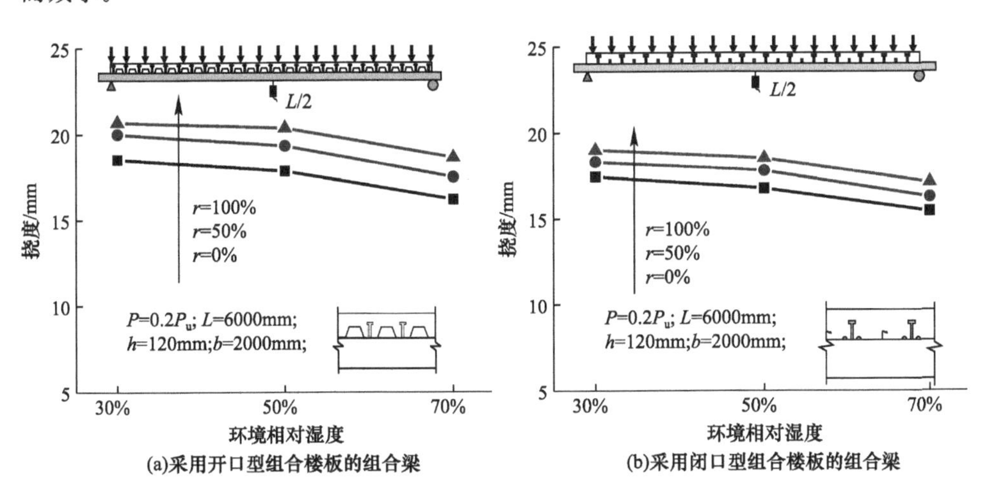

图 6.21　环境相对湿度对组合梁跨中长期挠度的影响

2. 环境相对湿度对组合梁中混凝土长期应力的影响

图 6.22 分析了环境相对湿度与再生粗骨料取代率对组合梁中混凝土长期应

力的影响。可以发现，50a 时，相同再生粗骨料取代率下，组合梁中混凝土长期应力随着环境相对湿度的增加而减小。以采用开口型普通混凝土组合楼板的组合梁为例，与环境相对湿度为 30%的组合梁相比，环境相对湿度为 50%和 70%时，组合梁中混凝土长期应力分别减小 0.3MPa 和 0.9MPa。这是因为混凝土的收缩产生拉应力，混凝土的收缩随着环境相对湿度的增加而减小。因此，在长期荷载下，组合梁中混凝土长期应力随着相对环境湿度的增加而减小。

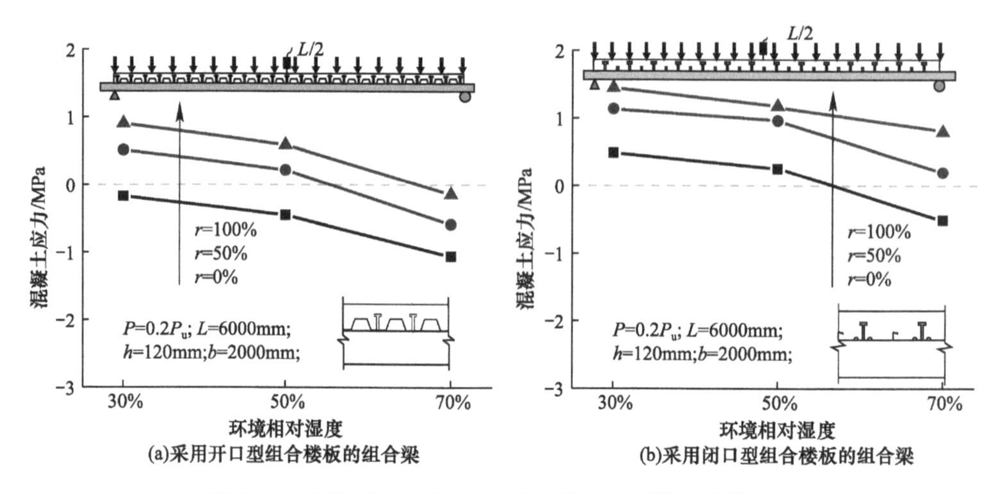

图 6.22 环境相对湿度对组合梁中混凝土长期应力的影响

3. 环境相对湿度对组合梁中钢梁长期应力的影响

图 6.23 分析了环境相对湿度与再生粗骨料取代率对组合梁中钢梁长期应力的影响。可以发现，50a 时，相同再生粗骨料取代率下，组合梁中钢梁长期应力随着环境相对湿度的增加而减小。以采用开口型普通混凝土组合楼板的组合梁为

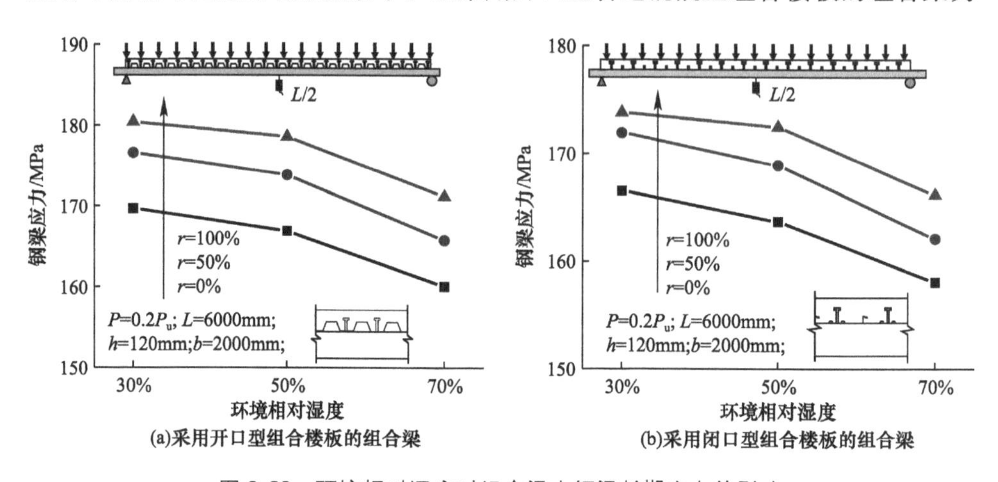

图 6.23 环境相对湿度对组合梁中钢梁长期应力的影响

例，与环境相对湿度为30%的组合梁相比，环境相对湿度为50%和70%时，组合梁钢梁底面长期应力减小1.7%和6.0%。分析原因，随着环境相对湿度的增加，混凝土的收缩和徐变均减小，组合梁的变形减小。因此，长期荷载下组合梁中钢梁长期应力随着相对环境湿度的增加而减小。

4. 环境相对湿度对组合梁长期界面相对滑移的影响

图6.24分析了环境相对湿度与再生粗骨料取代率对组合梁长期界面相对滑移的影响。可以发现，50a时，相同再生粗骨料取代率下，组合梁长期界面相对滑移随着环境相对湿度的增加而减小。以采用开口型普通混凝土组合楼板的组合梁为例，与环境相对湿度为30%的组合梁相比，环境相对湿度为50%和70%时，组合梁的界面相对滑移减小19.4%和59.1%。分析原因，随着环境相对湿度的增加，混凝土的徐变减小，抗剪连接件附近混凝土压缩量减小。因此，长期荷载下组合梁的界面相对滑移随着相对环境湿度的增加而减小。

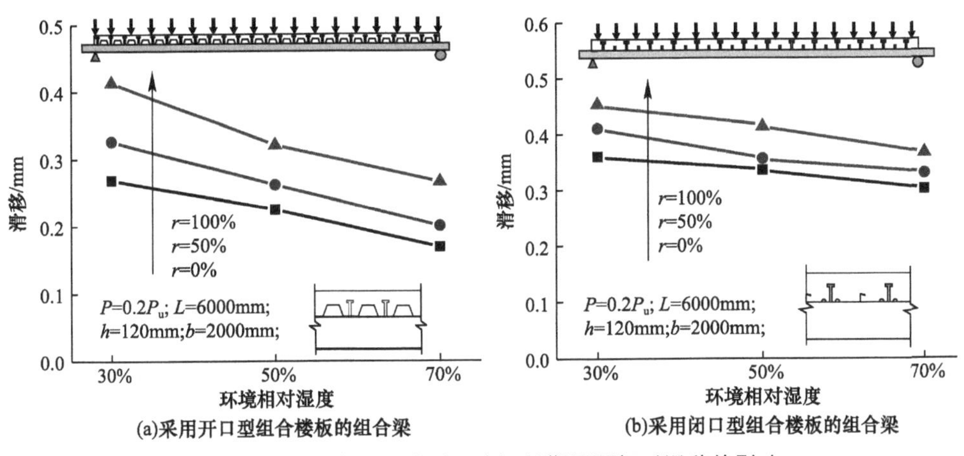

图6.24　环境相对湿度对组合梁长期界面相对滑移的影响

6.3　钢-再生混凝土组合梁长期挠度计算方法

6.3.1　我国现行组合梁挠度设计方法

我国现行规范《钢结构设计标准》GB 50017—2017在计算仅受正弯矩作用组合梁的长期挠度时，通过对混凝土弹性模量减半的方式考虑混凝土徐变的影响，通过对组合梁抗弯刚度折减考虑组合梁滑移效应的影响。具体计算见式（6.1）：

$$\delta_{tot}=\delta_{int}+\delta_{cr}=\frac{5qL^4}{384B} \tag{6.1}$$

式中　δ_{tot}——组合梁的长期挠度；

δ_{int}——组合梁的瞬时挠度；

δ_{cr}——混凝土徐变引起的组合梁徐变挠度；

q——荷载准永久组合值；

L——组合梁跨度；

B——组合梁考虑滑移效应的折减刚度，其计算见式（6.2）～式（6.9）。

$$B=\frac{EI_{eq}}{1+\zeta} \tag{6.2}$$

$$\zeta=\eta\left[0.4-\frac{3}{(jL)^2}\right] \tag{6.3}$$

$$\eta=\frac{36Ed_c pA_0}{n_s kHL^2} \tag{6.4}$$

$$j=0.81\sqrt{\frac{n_s N_v^c A_1}{EI_0 p}}\,(\mathrm{mm}^{-1}) \tag{6.5}$$

$$A_0=\frac{A_{cf}A}{\alpha_E A+A_{cf}} \tag{6.6}$$

$$A_1=\frac{I_0+A_0 d_c^2}{A_0} \tag{6.7}$$

$$I_0=I+\frac{I_{cf}}{\alpha_E} \tag{6.8}$$

$$\alpha_E=E/E_c \tag{6.9}$$

式中 E——钢梁的弹性模量；

I_{eq}——组合梁的换算界面惯性矩，忽略压型钢板的作用；

ζ——刚度折减系数；

A_{cf}——混凝土楼板截面面积；对于压型钢板组合楼板，取较弱的截面面积；

A——钢梁的截面面积；

I——钢梁截面惯性矩；

I_{cf}——混凝土楼板截面惯性矩；对于压型钢板组合楼板，取较弱的截面惯性矩；

d_c——钢梁截面形心到混凝土楼板截面形心距离；

H——组合梁截面高度；

N_v^c——抗剪连接件的承载力设计值；

p——抗剪连接件的纵向平均间距；

n_s——抗剪连接件在一根梁上的列数；

k——抗剪连接件刚度系数，$k=N_v^c$（N/mm）；

α_E——钢梁与混凝土弹性模量比值；

E_c——混凝土的弹性模量。

对于再生混凝土的弹性模量，本书采用课题组提出的再生混凝土弹性模量预测公式，见本书式（5.2）。将式（5.2）代入式（6.1），即可进行基于我国标准对于钢-再生混凝土组合梁长期挠度的计算。

6.3.2　我国现行设计方法适用性评价

将本书参数范围内的组合梁有限元长期挠度计算结果与我国现行标准《钢结构设计标准》GB 50017—2017 对组合梁长期挠度计算结果进行对比，对比结果见图 6.25。其中，$\delta_{inst,GB}$、$\delta_{inst,FE}$分别表示《钢结构设计标准》GB 50017—2017 与本书有限元计算的钢-混凝土组合梁瞬时挠度。

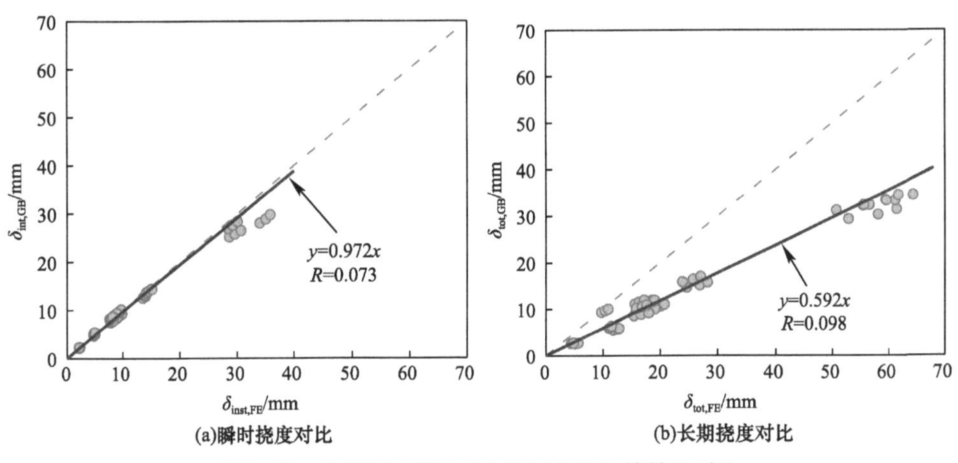

图 6.25　有限元计算结果与我国标准计算结果对比

可以发现，在本书参数范围内，我国现行标准瞬时挠度计算结果与本书有限元参数分析计算结果吻合度较好，但是长期挠度计算结果与本书有限元计算结果相差较大。具体而言，对于钢-混凝土组合梁的瞬时挠度与长期挠度，我国标准计算结果与本书有限元计算结果比值的均值分别为 97.2%、59.2%，标准差 R 分别为 0.073、0.098。上述分析表明，我国标准能较好地预测钢-混凝土组合梁的瞬时挠度；对于钢-混凝土组合梁长期挠度，我国标准计算结果偏于不安全，低估了钢-混凝土组合梁的长期挠度。这是因为钢-混凝土组合梁时效性能的劣化机理主要为混凝土的收缩、徐变以及组合梁滑移效应的影响，而我国现行标准只考虑了混凝土徐变与组合梁滑移效应的影响，未充分考虑长期荷载作用下混凝土收缩对组合梁长期性能的影响。

6.3.3　修正的钢-再生混凝土组合梁长期挠度设计方法

钢-混凝土组合梁的长期挠度（δ_{tot}）主要由三部分组成，如公式（6.10）所示，分别为组合梁的瞬时挠度（δ_{inst}）、组合梁的徐变挠度（δ_{cr}）、组合梁的收缩挠度（δ_{sh}）。我国现行标准《钢结构设计标准》GB 50017—2017 能较好地预测混凝土的瞬时挠度（δ_{inst}），且对于组合梁的长期挠度计算已经考虑了混凝土徐变与组合梁滑移效应的影响，本章将基于我国现行标准充分考虑混凝土收缩对组合梁长期挠度的影响。如图 6.26 所示，可将组合梁中混凝土的收缩内力等效为组合梁外力 F_{sh}，组合梁在 F_{sh} 作用下产生附加弯矩 M_{sh}，即组合梁在混凝土的收缩下产生附加挠度（δ_{sh}）。长期荷载下混凝土的收缩挠度（δ_{sh}）计算见式（6.11）～式（6.14）。其中，对于采用钢-混凝土组合板（单面密闭）的组合梁，应考虑混凝土的非均匀收缩影响，采用非均匀收缩模型计算收缩值；对于采用钢筋混凝土楼板（双面开敞）的组合梁，采用均匀收缩模型计算收缩值。

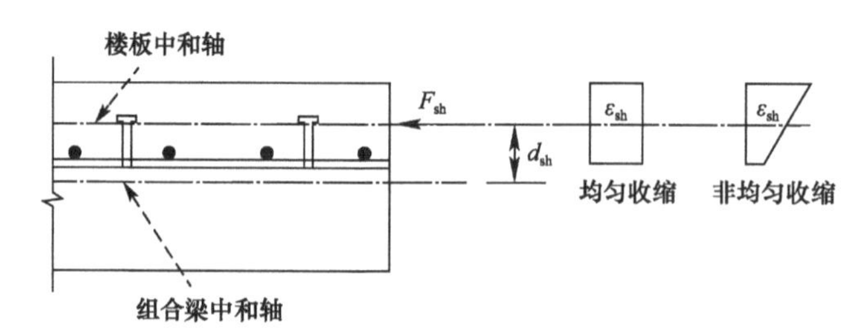

图 6.26　混凝土收缩对组合梁长期挠度作用示意图

$$\delta_{tot} = \delta_{inst} + \delta_{cr} + \delta_{sh} \tag{6.10}$$

$$\delta_{sh} = \frac{M_{sh}L^2}{8B} \tag{6.11}$$

$$M_{sh} = F_{sh} \cdot d_{sh} \tag{6.12}$$

$$F_{sh} = E_{sh} \cdot \varepsilon_{sh} \cdot A_{cf} \tag{6.13}$$

$$E_{sh} = \frac{E_c}{1 + 0.55\varphi} \tag{6.14}$$

式中　M_{sh}——组合梁混凝土的收缩等效弯矩；

B——组合梁考虑滑移效应的折减刚度；

F_{sh}——组合梁混凝土的收缩等效力；

ε_{sh}——混凝土的收缩，对于普通混凝土，采用欧洲规范 EC2[80] 的普通混凝土收缩模型；对于再生混凝土，采用课题组的再生混凝土收缩模型；对于采用钢-混凝土组合板的组合梁，采用课题组的混凝土非均匀收缩模型；

d_{sh}——组合梁楼板中性轴与组合梁中性轴的距离；

E_{sh}——组合梁混凝土的收缩模量；

E_c——混凝土的弹性模量；

φ——混凝土的徐变系数；对于采用钢-混凝土组合板的组合梁，采用课题组的混凝土非均匀徐变模型。

本章采用6.2节有限元参数分析结果对本章修正的钢-混凝土组合梁长期挠度设计方法进行可靠性验证，图6.27为有限元参数分析结果对本章修正的钢-混凝土组合梁长期挠度设计方法计算结果对比，$\delta_{tot,am}$、$\delta_{tot,FE}$分别表示本章基于《钢结构设计标准》GB 50017—2017修正的设计方法与本章有限元分析计算的钢-混凝土组合梁长期挠度。可以发现，再生粗骨料为0%、50%和100%时，修正后的组合梁长期挠度计算结果与有限元参数分析计算结果比值的均值分别为98.6%、97.1%和96.1%，标准差分别为0.191、0.198和0.194。可得出，本章基于《钢结构设计标准》GB 50017—2017修正的钢-混凝土组合梁长期挠度设计方法可靠，且可适用于不同再生粗骨料取代率钢-再生混凝土组合梁。

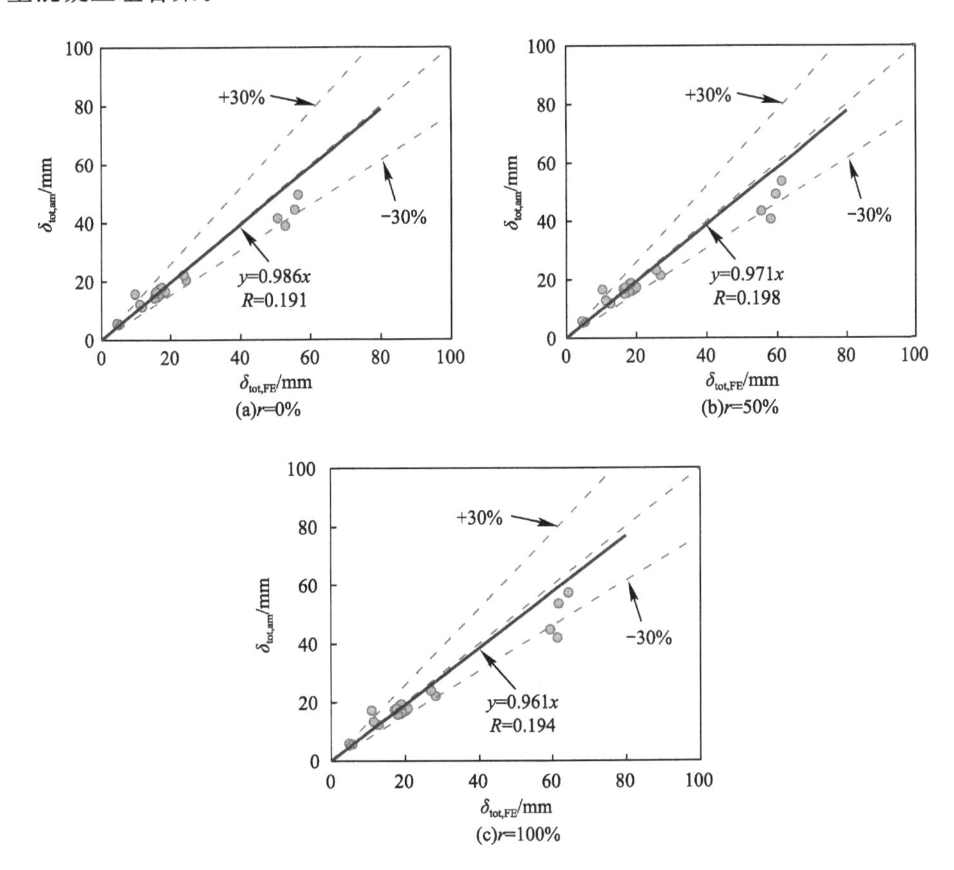

图6.27 有限元计算结果与修正设计方法计算结果对比

基于以上研究结果表明，本章基于《钢结构设计标准》GB 50017—2017修正的钢-混凝土组合梁长期挠度设计方法可靠，修正后的组合梁长期挠度计算方法可考虑混凝土收缩、徐变及组合梁界面相对滑移耦合作用的影响。

6.4 本章小结

本章基于已验证的钢-混凝土组合梁有限元模型进行系统的参数分析，模型考虑了混凝土开裂、非均匀收缩、非均匀徐变及组合梁界面相对滑移耦合作用影响；基于有限元参数分析结果对我国现行标准《钢结构设计标准》GB 50017—2017 组合梁挠度设计方法进行了适用性评价，并基于我国现行标准提出了钢-再生混凝土组合梁长期挠度设计方法。主要结论为如下：

(1) 混凝土的收缩、徐变及组合梁界面滑移对组合梁的长期挠度影响显著，本书参数范围内，由混凝土的收缩、徐变及组合梁界面滑移引起的长期附加挠度占组合梁长期挠度的 21.6%～61.5%；对于采用钢-混凝土组合楼板的组合梁，混凝土的收缩徐变类型对组合梁的长期性能影响不可忽视，与采用混凝土非均匀收缩徐变模型相比，采用均匀收缩徐变模型高估了组合梁长期附加挠度 4.5%～10.3%。

(2) 再生粗骨料取代率对钢-混凝土组合梁的长期性能有显著影响。本书参数范围内，与普通混凝土试件相比，再生粗骨料取代率为 100%时：组合梁的长期挠度增加 3.5%～17.2%，钢梁长期应力增加 1.6%～8.5%，组合梁界面相对滑移增加 13.9%～114.5%，组合梁混凝土长期应力增加值在 2MPa 以内。

(3) 我国现行标准《钢结构设计标准》GB 50017—2017 能较好地预测钢-混凝土组合梁的瞬时挠度，但是低估了组合梁的长期挠度；对于钢-混凝土组合梁的瞬时挠度与长期挠度，我国标准计算结果与本章有限元计算结果比值的均值分别为 97.2%、59.2%，标准差 R 分别为 0.073、0.098；本章修正的组合梁长期挠度计算方法可考虑混凝土非均匀收缩、非均匀徐变、组合梁界面相对滑移耦合作用影响；再生粗骨料为 0%、50%和 100%时，修正的组合梁长期挠度计算结果与有限元参数分析计算结果比值的均值分别为 98.6%、97.1%和 96.1%，标准差 R 分别为 0.191、0.198 和 0.194。

第7章 结 论

本书采用 ABAQUS 软件，建立了热-力耦合的钢-再生混凝土组合板/梁有限元模型，模型可考虑混凝土开裂、均匀/非均匀收缩、均匀/非均匀徐变、界面相对滑移的耦合影响；对现有的钢-混凝土组合板/梁短期/长期性能试验进行有限元模拟，验证了模型的可靠性；在此基础上，对钢-再生混凝土组合板/梁长期性能进行了系统的参数分析，量化各关键参数对组合板/梁长期性能的影响；基于有限元参数分析结果，以两跨钢-混凝土组合板为例，提出考虑混凝土非均匀收缩影响的组合板长期性能的设计方法；采用有限元分析结果对我国现行的组合梁长期挠度设计方法进行了适用性评价，并提出了考虑混凝土收缩、徐变、界面相对滑移的组合梁长期挠度设计方法。基于上述研究工作，主要得出以下结论：

(1) 本书建立的钢-混凝土组合梁有限元模型，通过采用混凝土塑性损伤模型考虑混凝土受拉开裂与受压破坏、通过主动降温方式模拟混凝土均匀/非均匀收缩、采用基于龄期调整的有效模量法模拟混凝土的均匀/非均匀徐变、通过对组合梁各部件的接触设置模拟组合梁界面相对滑移，可以有效预测钢-混凝土组合梁的长期性能。所建立的模型可有效预测多种参数影响下钢-混凝土组合板的长期性能发展，与国内外 21 组钢-混凝土组合板足尺试验数据进行对比验证，在施加外荷载时瞬时挠度预测值与试验值最大相差 20.3%，组合板的长期挠度预测值与试验值最大相差 19.7%；对国内外 20 组钢-混凝土组合梁短期/长期性能足尺试验及 3 组组合梁推出试验与有限元结果进行对比，发现长期挠度有限元与试验结果比值的均值和标准差分别为 1.035 和 0.060、短期刚度有限元与试验结果比值的均值和标准差分别为 0.970 和 0.138、滑移有限元与试验结果二者相差 3.9%~18.8%。

(2) 建立了多跨连续钢-再生混凝土组合板有限元模型，有限元模型主要考虑了不同钢板类型、荷载的不同布置、再生粗骨料取代率及不同收缩徐变模型，并对不同参数影响下多跨连续钢-再生混凝土组合板的长期性能进行了预测与对比。采用不同钢板类型会影响组合板截面刚度，进而影响长期挠度发展。再生粗

骨料取代率 r 的增大会增加多跨连续钢-再生混凝土组合板的峰值挠度，当再生粗骨料取代率 r 由 0%增加到 50%和 100%时，50a 时组合板的峰值挠度增加 22.1%和 45.0%。均匀收缩徐变模型会低估多跨连续钢-再生混凝土组合板的挠度、弯矩发展，当再生骨料取代率为 0%、50%与 100%时，挠度低估程度分别为 23.2%、18.7%与 12.3%，弯矩低估程度分别为 30.6%、32.1%与 35.4%。

(3) 基于龄期调整的有效模量法、考虑混凝土非均匀收缩影响提出的两跨连续组合板长期性能计算方法，可有效预测组合板的长期弯矩分布、中支座裂缝宽度和跨中挠度。中支座的负弯矩、裂缝宽度和跨中挠度的预测值/试验值的均值为 1.088、1.026 和 0.927，标准差分别为 0.173、0.132 和 0.174。

(4) 混凝土的收缩、徐变及组合梁界面滑移对组合梁的长期挠度影响显著，由混凝土的收缩、徐变及组合梁界面滑移引起的长期附加挠度占组合梁长期总挠度的 21.6%～61.5%；与普通混凝土试件相比，再生粗骨料取代率为 100%的组合梁长期挠度增加 3.5%～17.2%；混凝土收缩徐变模型对组合梁的长期性能影响不可忽视，与采用非均匀收缩徐变模型相比，采用均匀收缩徐变模型高估了组合梁长期附加挠度 4.5%～10.3%。

(5) 我国《钢结构设计标准》GB 50017—2017 低估了组合梁长期挠度，标准计算结果与有限元结果比值的均值分别为 59.2%；修正后的组合梁长期挠度计算方法可考虑混凝土均匀/非均匀收缩、均匀/非均匀徐变、界面相对滑移耦合作用影响，再生粗骨料为 0%、50%和 100%时，修正后的计算结果与有限元结果比值的均值分别为 98.6%、97.1%和 96.1%，标准差分别为 0.191、0.198 和 0.194。

参考文献

[1] 王庆贺. 考虑非均匀收缩影响的钢—再生混凝土组合板长期性能 [D]. 哈尔滨：哈尔滨工业大学，2017.

[2] 陈杰. 圆钢管再生混凝土轴压构件长期静力性能研究 [D]. 哈尔滨：哈尔滨工业大学，2016.

[3] 魏盟. 考虑非均匀收缩的钢-普通/再生混凝土组合板长期性能 [D]. 哈尔滨：哈尔滨工业大学，2018.

[4] 混凝土用再生粗骨料：GB/T 25177—2010 [S]. 北京：中国标准出版社，2011.

[5] 废混凝土再生技术规范：SB/T 11177—2016 [S]. 北京：中华人民共和国商务部，2016.

[6] 再生混凝土结构技术标准：JGJ/T 443—2018 [S]. 北京：中华人民共和国住房和城乡建设部，2018.

[7] 北京市再生混凝土结构设计规程：DB11/T 803—2011 [S]. 北京：北京市规划委员会，2011.

[8] 深圳市再生骨料混凝土制品技术规范：SJG 25—2014 [S]. 深圳：深圳市住房和建设局，2014.

[9] 再生混凝土结构技术规程：DBJ 61/T-88—2014 [S]. 陕西：陕西省住房和城乡建设厅，2014.

[10] 再生块体混凝土组合结构技术规范：DBJ/T 15-113—2016 [S]. 广东：广东省住房和城乡建设厅，2016.

[11] 四川省再生骨料混凝土及制品应用技术：J51/T 059—2016 [S]. 四川：四川省住房和建设厅，2016.

[12] 肖建庄. 再生混凝土 [M]. 北京：中国建筑工业出版社，2008.

[13] 王恩来. 钢—混凝土组合梁的长期性能研究 [D]. 长沙：中南大学，2009.

[14] 张建伟，刘方方，卡卓乍，等. 钢-压型钢板再生粗骨料混凝土组合梁受弯性能 [J]. 哈尔滨工业大学学报，2015，47 (12)：86-92.

[15] 黄国兴，惠荣炎，王秀军. 混凝土徐变与收缩 [M]. 北京：中国电力出版社，2011.

[16] Paulo R M，Ricardo J，Eduardo G，et al. Effectiveness of fly ash in reducing the hydra-

tion heat release of mass concrete [J]. Journal of Building Engineering, 2020, 28.
[17] Ranzi G, Leoni G, Zandonini R. State of the art on the time-dependent behaviour of composite steel-concrete structures [J]. Journal of Construnctional Steel Research, 2013, 80 (1): 252-263.
[18] 曹宏恩. 钢-混组合梁长期应力重分布效应研究 [D]. 西安: 长安大学, 2018.
[19] 薛伟辰, 张士前, 梁智殷. 1年持续载荷下GFRP-混凝土组合梁长期性能试验 [J]. 复合材料学报, 2016, 33 (5): 998-1008.
[20] Al-Deen S, Ranzi G, Vrcelj Z. Full-scale long-term and ultimate experiments of simply-supported composite beams with steel deck [J]. Journal of Constructional Steel Research, 2011, 67 (10): 1658-1676.
[21] 樊健生, 聂鑫, 李全旺. 考虑收缩、徐变及开裂影响的组合梁长期受力性能研究(Ⅱ)——理论分析 [J]. 土木工程学报, 2009, 42 (3): 16-22.
[22] 樊健生, 聂建国, 王浩. 考虑收缩、徐变及开裂影响的组合梁长期受力性能研究(Ⅰ)——试验及计算 [J]. 土木工程学报, 2009, 42 (3): 8-15.
[23] 聂建国. 钢-混凝土组合梁长期变形的计算与分析 [J]. 建筑结构, 1997, (1): 42-45.
[24] 聂建国. 钢-混凝土组合梁结构 [M]. 北京: 科学出版社, 2005.
[25] 王玉银, 王庆贺, 耿悦. 建筑结构用再生混凝土水平受力构件研究进展 [J]. 工程力学, 2018, 35 (4): 1-15.
[26] 吴波, 计明明, 赵新宇. 再生混合混凝土及其组合构件的研究现状 [J]. 工程力学, 2016, 33 (1): 1-10.
[27] 吴波, 计明明. 薄壁U形外包钢再生混合梁受弯性能试验研究 [J]. 建筑结构学报, 2014, 35 (4): 246-254.
[28] 肖建庄, 李宏, 金少蕊, 等. 压型钢板-再生混凝土组合板纵向抗剪承载力试验 [J]. 结构工程师, 2010, 26 (4): 91-95.
[29] 李向海, 张庆, 刘昌永. 预制装配式大跨钢板-再生混凝土空心叠合板受弯性能研究 [J]. 施工技术, 2019, 48 (16): 8-12.
[30] 曹万林, 张洁, 董宏英, 等. 带钢筋桁架高强再生混凝土板受弯性能试验研究 [J]. 建筑结构学报, 2014, 35 (10): 31-38.
[31] Xiao J Z, Li W G, Fan Y H, et al. An overview of study on recycled aggregate concrete in China (1996-2011) [J]. Construction and Building Materials, 2012, 31: 364-383.
[32] Wang Q H, Geng Y, Wang Y Y, et al. Drying shrinkage model for recycled aggregate concrete accounting for the influence of parent concrete [J]. Engineering Structures, 2020, 202.
[33] China Association for Engineering Construction Standardization (CAECS) [S]. CECS 273: 2010 Code for composite slabs design and construction. Beijing: China Planning press, 2010.
[34] Bradford M A. Generic modelling of composite steel-concrete slabs subjected to shrinkage, creep and thermal strains including partial interaction [J]. Engineering Structures, 2010, 32 (5), 1459-1465.

[35] Gilbert R I, Bradford M A, Gholamhoseini A, et al. Effects of shrinkage on the long-term stresses and deformations of composite concrete slabs [J]. Engineering Structures, 2012, 40: 9-19.

[36] Abas F M, Gilbert R I, Foster S J, et al. Strength and serviceability of continuous composite slabs with deep trapezoidal steel decking and steel fibre reinforced concrete [J]. Engineering Structures, 2013, 49, 866-875.

[37] Al-Deen S, Ranzi G. Effects of non-uniform shrinkage on the long-term behaviour of composite steel-concrete slabs [J]. International journal of steel structures, 2015, 15 (2), 415-432.

[38] Ravindrarajah S, Loo H, Tam T. Recycled concrete as fine and coarse aggregates in concrete [J]. Magazine of Concrete Research, 1987, 39 (141): 214-220.

[39] José M. V Gómez-Soberón. Porosity of recycled concrete with substitution of recycled concrete aggregate: An experimental study [J]. 2002, 32 (8): 1301-1311.

[40] 邹超英，王勇，胡琼. 再生混凝土徐变度试验研究及模型预测 [J]. 武汉理工大学学报，2009，31 (12)：94-98.

[41] Dhir K, Brito d, Silva V. Comparative analysis of existing prediction models on the creep behaviour of recycled aggregate concrete [J]. Engineering Structures, 2015, 100 (6): 31-42.

[42] 肖建庄，郑世同，王静. 再生混凝土长龄期强度与收缩徐变性能 [J]. 建筑科学与工程学报，2015，32 (1)：21-26.

[43] Geng Y, Wang Y Y, Chen J. Creep behaviour of concrete using recycled coarse aggregates obtained from source concrete with different strengths [J]. Construction and Building Materials, 2016, 128 (12): 199-213.

[44] Eurocode2: Design of concrete structures-Part 1-1: General rules and rules for buildings. ENV 1992-1-2 [S]. Brussels: European Committee for Standardization (CEN), 2004.

[45] Fathifazl G, Razaqpur A G, Isgor O B, et al. Creep and drying shrinkage characteristics of concrete produced with coarse recycled concrete aggregate [J]. Cement and Concrete Composites, 2011, 33 (10): 1026-1037.

[46] He Z H, Hu H B, Casanova I, et al. Effect of shrinkage reducing admixture on creep of recycled aggregate concrete [J]. Construction and Building Materials, 2020, 254 (9): 1-10.

[47] Ravindrarajah S, Tam T. Properties of concrete made with crushed concrete as coarse aggregate [J]. Magazine of Concrete Research, 1985, 37 (130): 29-38.

[48] Katz A. Properties of concrete made with recycled aggregate from partially hydrated old concrete [J]. Cement and Concrete Research, 2003, 33 (5): 703-711.

[49] Lopez-Gayarre F, Serna P, Domingo-Cabo A, et al. Influence of recycled aggregate quality and proportioning criteria on recycled concrete properties [J]. Waste Management, 2009, 29 (12): 3022-3028.

[50] Corinaldesi V. Mechanical and elastic behaviour of concretes made of recycled-concrete

coarse aggregates [J]. Construction and Building Materials, 2010, 24 (9): 1616-1620.

[51] Xiao J Z, Li W G, Fan Y H, et al. An overview of study on recycled aggregate concrete in China (1996-2011), Constr. Build. Mater. 2012, (31): 364-383.

[52] Fakitsas G, Papakonstantinou A, Kiousis D, et al. Effects of Recycled Concrete Aggregates on the Compressive and Shear Strength of High-Strength Self-Consolidating Concrete [J]. Journal of Materials in Civil Engineering, 2012, 24 (4): 356-361.

[53] Martinelli E, Faella C, Koenders E, et al. Structural concrete made with recycled aggregates: Hydration process and compressive strength models [J]. Mechanics Research Communications, 2014, 58 (6): 139-145.

[54] Pandurangan K, Dayanithy A, Prakash O. Influence of treatment methods on the bond strength of recycled aggregate concrete [J]. Construction and Building Materials, 2016, 120 (6): 212-221.

[55] Lei B, Liu H J, Yao Z M, et al. Experimental study on the compressive strength, damping and interfacial transition zone properties of modified recycled aggregate concrete [J]. Royal Society Open Science, 2019, 6 (12): 1-14.

[56] Hansen T C, Boegh E . Elasticity and drying shrinkage concrete of recycled-aggregate [J]. ACI Journal Proceedings, 1985, 82 (5): 648-652.

[57] Xiao J Z, Li J B, Zhang C. Mechanical properties of recycled aggregate concrete under uniaxial loading [J]. Cement and Concrete Research, 2005, 35 (6): 1187-1194.

[58] Corinaldesi V, Moriconi G. Influence of mineral additions on the performance of 100% recycled aggregate concrete [J]. Construction and Building Materials, 2009, 23 (8): 2869-2876.

[59] Qian D X, Yun Y W, Jang I Y, et al. Experimental Research on Main Properties of New Recycled Coarse Aggregate Concrete [J]. Advanced Materials Research, 2011, 261-263 (7): 19-23.

[60] Feng J C, Zhu P H, Xia Q. Mechanical Behaviors of Structural Concrete Using Recycled Aggregates from Repeatedly Recycling Waste Concrete [J]. Advanced Materials Research, 2012, 450-451 (3): 1379-1382.

[61] Peng G F, Wang S, Li T. Mechanical Properties of Recycled Aggregate Concrete at High and Low Water to Binder Ratios [J]. Key Engineering Materials, 2014, 629-630 (1): 321-329.

[62] Park W, Noguchi T, Shin S, et al. Modulus of elasticity of recycled aggregate concrete [J]. Magazine of Concrete Research, 2015, 67 (11): 585-591.

[63] Kang M, Li W B. Effect of the Aggregate Size on Strength Properties of Recycled Aggregate Concrete [J]. Advances in Materials Science and Engineering, 2018, (7): 1-8.

[64] 张建伟，祝延涛，曹万林，等. 闭口型压型钢板-再生混凝土组合楼板的受弯性能 [J]. 北京工业大学学报，2014，40 (8)：1197-1203.

[65] 崔晓曦. 压型钢板-再生混凝土组合板的受弯性能分析 [C]. 中国力学学会结构工程专业委员会、厦门大学、厦门理工学院、中国力学学会《工程力学》编委会、清华大学

土木工程系、水沙科学与水利水电工程国家重点实验室（清华大学）、土木工程安全与耐久教育部重点实验室（清华大学）. 第 24 届全国结构工程学术会议论文集（第Ⅰ册）. 中国力学学会结构工程专业委员会、厦门大学、厦门理工学院、中国力学学会《工程力学》编委会、清华大学土木工程系、水沙科学与水利水电工程国家重点实验室（清华大学）、土木工程安全与耐久教育部重点实验室（清华大学）：中国力学学会工程力学编辑部，2015：343-348.

[66] 王玉银，王庆贺，耿悦. 建筑结构用再生混凝土水平受力构件研究进展 [J]. 工程力学，2018，35（4）：1-15.

[67] 骆志成. 再生混合组合楼板的力学性能研究 [D]. 广州：华南理工大学，2012.

[68] 李孝忠. 压型钢板-再生粗骨料混凝土组合板纵向剪切性能试验研究 [D]. 哈尔滨：哈尔滨工业大学，2019.

[69] Heiman J L. A Comparison of Measured and Calculated Deflections of Flexural Memebers in Four Reinforced Concrete Buildings [J]. ACI Special Publication，1974，43.

[70] Bradford M A. Generic modelling of composite steel-concrete slabs subjected to shrinkage，creep and thermal strains including partial interaction [J]. Engineering Structures，2010，32（5）：1459-1465.

[71] 魏盟. 考虑非均匀收缩的钢-普通/再生混凝土组合板长期性能 [D]. 哈尔滨：哈尔滨工业大学，2018.

[72] Ranzi G，Al-Deen S，Ambrogi L，et al. Long-term behaviour of simply-supported post-tensioned composite slabs [J]. Journal of Constructional Steel Research，2013，88：172-180.

[73] Gholamhoseini A. Time-dependent behaviour of composite concrete slabs [D]. Doctoral dissertation，The University of New South Wales，Sydney，Australia，2014.

[74] Gholamhoseini A，Gilbert R I，Bradford M. Long-Term behaviours of continuous composite concrete slabs with steel decking [J]. ACI Structural Journal，2018，115（2）：439-449.

[75] Al-Deen S，Ranzi G，Uy B. Non-uniform shrinkage in simply-supported composite steel-concrete slabs [J]. Steel and Composite Structures，2015，18（2）：375-394.

[76] Wright D，Vitek L，Rakib N. Long-Term Creep and Shrinkage in Composite Beams with Partial Connection [J]. Proceedings of the Institution of Civil Engineers Structures and Buildings，1992，94（2）：187-195.

[77] Xue W C，Ding M，He C，et al. Long-Term Behavior of Prestressed Composite Beams at Service Loads for One Year [J]. Journal of Structural Engineering，2008，134（6）：930-937.

[78] Vrcelj Z，Ranzi G，Al-deen S. Full-scale long-term experiments of simply supported composite beams with solid slabs [J]. Journal of Constructional Steel Research，2011，67（3）：308-321.

[79] 韩春秀. 钢—混凝土组合梁徐变和收缩效应的理论与试验研究 [D]. 昆明：昆明理工大学，2016.

[80] Zhang S , Chen X , Li G . Study on the Influence of Reinforcement on Creep and Shrinkage Effects of Composite Beams [J]. IOP Conference Series: Earth and Environmental Science, 2019, 267 (3): 1-15.

[81] Ranzi G. Short- and long-term analyses of composite beams with partial interaction stiffened by a longitudinal plate [J]. Steel and Composite Structures, 2006, 6 (3): 237-255.

[82] Sakr A, Sakla S. Long-term deflection of cracked composite beams with nonlinear partial shear interaction: I - Finite element modeling [J]. Journal of Constructional Steel Research, 2008, 64 (12): 1446-1455.

[83] Ding M, Ju J S, Jiang G. Analysis of Long-Term Stress of Steel-Concrete Composite Beams [J]. Advanced Materials Research, 2011, 163-167 (1): 2037-2040.

[84] Erkmen E, Bradford A. Time-dependent creep and shrinkage analysis of composite beams curved in-plan [J]. Computers & Structures, 2011, 89 (1-2): 67-77.

[85] Xiang T Y, Yang C, Zhao G Y. Stochastic Creep and Shrinkage Effect of Steel-Concrete Composite Beam [J]. Advances in Structural Engineering, 2015, 18 (8): 1129-1140.

[86] Reginato H, Tamayo P, Morsch B. Finite element study of effective width in steel-concrete composite beams under long-term service loads [J]. Latin American Journal of Solids and Structures, 2018, 15 (8): 1-25.

[87] 王潇碧，宋瑞年，占玉林，等. 钢-混凝土组合梁长期行为模拟及计算方法 [J]. 工业建筑，2020，50 (4)：132-137.

[88] Oehlers J, Sved G. Composite Beams with Limited-Slip-Capacity Shear Connectors [J]. Journal of Structural Engineering, 1995, 121 (6): 932-938.

[89] Salari M R , Spacone E . Analysis of Steel-Concrete Composite Frames with Bond-Slip [J]. Journal of Structural Engineering, 2001, 127 (11): 1243-1250.

[90] Nie J G, Cai C S. Steel-Concrete Composite Beams Considering Shear Slip Effects [J]. Journal of Structural Engineering, 2003, 129 (4): 495-506.

[91] Zhang Y L, Liu W H, Liu H B. Calculation analysis of shearing slip for steel-concrete composite beam under concentrated load [J]. Applied Mathematics and Mechanics, 2005, 26 (6): 735-740.

[92] Nie J G, Cai C S, Zhou R, et al. Experimental and Analytical Study of Prestressed Steel-Concrete Composite Beams Considering Slip Effect [J]. Journal of Structural Engineering, 2007, 133 (4): 530-540.

[93] Fu G, Cui W. Experimental Research on the Composite Steel-Concrete Beams with Partial Shear Connection [J]. Applied Mechanics and Materials, 2011, 71-78 (9): 954-958.

[94] Huang Y, Yang Y, Huang D, et al. Element-based stiffness reduction coefficient of steel-concrete composite beams with interface slip [J]. Materials and Structures, 2016, 49 (12): 5021-5029.

[95] Wang S H, Tong G S, Zhang L. Reduced stiffness of composite beams considering slip

and shear deformation of steel [J]. Journal of Constructional Steel Research, 2017, 131 (4): 19-29.

[96] 组合楼板设计与施工规范：CECS 273—2010 [S]. 北京：中国工程建设标准化协会，2010.

[97] 混凝土结构设计规范：GB 50010—2017 [S]. 北京：中国建筑工业出版社，2017.

[98] Wang Q H, Ranzi G, Wang Y Y, et al. Long-term behaviour of simply-supported steel-bars truss slabs with recycled coarse aggregate [J]. Construction and Building Materials, 2016, 116 (4): 335-346.

[99] Wang Y Y, Wang Q H, Geng Y, et al. Long-term behaviour of simply-supported composite slabs with recycled coarse aggregate [J]. Magazine of Concrete Research, 2016, 68 (24): 1278-1293.

[100] Katwal U, Tao Z, Hassan M K. Finite element modelling of steel-concrete composite beams with profiled steel sheeting [J]. Journal of Constructional Steel Research, 2018, 146 (7): 1-15.

[101] Xiao J Z, Li W G, Fan Y H, et al. An overview of study on recycled aggregate concrete in China (1996-2011) [J]. Construction and Building Materials, 2012, 31: 364-383.

[102] CEN European Committee for Standardization. Design of Concrete Structures, Part1-1: general rules and rules for building. Eurocode 2, 2004.

[103] 再生混凝土结构技术规程：JGJ 000—2016 [S]. 北京：中国建筑工业出版社，2016.

[104] Zhang H, Geng Y, Wang Y Y, Wang Q H. Long-term behavior of continuous composite slabs made with 100% fine and coarse recycled aggregate [J]. Engineering Structures, 2020, 212.

[105] ACI 318M ERTA-2010, Building code requirements for reinforced concrete [S] Brussels: American Concrete Institute, 2010.

[106] DS/EN 1994-1-1/AC-2009, Eurocode 4: Design of composite steel and concrete structures-Part 1-1: General rules and rules for buildings [S]. The European Committee for Standardization, 2009.

[107] Chien E Y L, Ritchie J K. Composite floor systems—A mature design option [J]. Journal of Constructional Steel Research, 1993, 25 (1-2): 107-139.

[108] 王世鑫. 煤矸石混凝土剪力墙水平往复荷载作用下抗震性能试验 [D]. 阜新：辽宁工程技术大学，2020.

[109] 高山. 组合梁平面钢框架抗连续倒塌性能研究 [D]. 哈尔滨：哈尔滨工业大学，2014.

[110] M. S. De Juan, P. A. Gutierrez, Study on the influence of attached mortar content on the properties of recycled concrete aggregate, Constr. Build. Mater. 2009, 23 (2): 872-877.

[111] Liu Q, Xiao J Z, Sun Z H. Experimental study on the failure mechanism of recycled concrete [J]. Cement and Concrete Research, 2011, 41 (10): 1050-1057.

[112] Bocciarelli M, Ranzi G. Identification of the hygro-thermo-chemical-mechanical model parameters of concrete through inverse analysis [J]. Construction and Building Materials, 2018, 162 (2): 202-214.

[113] Gilbert R I , Ranzi G . Time-Dependent Behaviour of Concrete Structures [M]. Spon, 2011.

[114] Australian Concrete Institute. Concrete structures: AS 3600—2009 [S]. Sydney (Australia): Standards Australia, 2009.

[115] Katwal U, Tao Z, Hassan K. Finite element modelling of steel-concrete composite beams with profiled steel sheeting [J]. Journal of Constructional Steel Research, 2018, 146 (7): 1-15.

[116] Wang Q H, Yang J S, Liang Y Z, et al. Prediction of time-dependent behaviour of steel-recycled aggregate concrete (RAC) composite slabs via thermo-mechanical finite element modelling [J]. Journal of Building Engineering, 2020, 29 (1): 1-18.

[117] Ranzi G, Bradford A, Ansourian P, et al. Full-scale tests on composite steel-concrete beams with steel trapezoidal decking [J]. Journal of Constructional Steel Research, 2009, 65 (7): 1490-1506.

[118] Nie J G, Cai C S, Wang T. Stiffness and capacity of steel-concrete composite beams with profiled sheeting [J]. Engineering Structures, 2005, 27 (7): 1074-1085.

[119] Lam D, El-Lobody E. Behavior of Headed Stud Shear Connectors in Composite Beam [J]. Journal of Structural Engineering, 2005, 131 (1): 96-107.